食品造粒技術ハンドブック

Handbook of Granulation Technique for Food Material

吉田照男 著

シーエムシー出版

巻頭言

　食品を粒にする操作は古くから行われており，その代表が菓子の「金平糖」である。1569年（永禄12年）ポルトガルの宣教師ルイス・フロイスがキリスト教の布教を願うために当時の権力者，織田信長に謁見した際，お土産として献上したと言われている。当時からPan型転動造粒機で作られていたようだ。

　さらに食品の粒の代表である「飴玉」も中国から伝えられ，記録では「嘉祥三年（850年）7月石見国（現在の島根県）が甘露を献じたが，それは飴糖のごとき味だった」とある。当時は水分の多い水飴と硬く練った堅飴があり，硬いモノはノミで削って食べるのでノミ飴とも言われた。飴は昔，神仏へのお供え物とされており，一般に流通するようになったのは江戸時代の初期である。元和元年（1615年）大阪夏の陣で豊臣方が敗れ，浪人となった平野甚左衛門の子である重政が摂津で飴屋となり江戸に出て浅草，浅草寺で千歳飴を売り出したのが最初である。

　その他の造粒品では，マーブルチョコレートや洋菓子，アイスクリームのデコレーションに使われるカラフルなチョコレート粒子がコーティング技術で作られている。また顆粒砂糖，風味調味料，粉体スープなどは素早く溶けることが要求され流動造粒法で作られる。

　食品の造粒には，溶け易くする，流動性を良くして自動包装化しやすくする，使用時の粉舞を抑えるといった目的がある。その代表がインスタントコーヒーやコーヒーミルクである。読者諸氏も，夏にアイスコーヒーを作る際，冷水にコーヒーの粉を投入するとサッと溶けた経験があると思う。これは噴霧乾燥したコーヒーの粉を造粒しているからである。コーヒーミルクも最近ではサッと溶ける。流動層内蔵型スプレードライヤーで噴霧乾燥造粒しているからである。昔はスプーンでしつこくかき回さないと溶けなかった。

　造粒技術は医薬品でも広く利用されているが，医薬品は精製された純粋原料を使用するため物性が比較的素直であるのに対し，食品は純粋な原料がほとんど無く不純物として有機酸や糖類を含むことが多い。そのため吸湿したり熱軟化するなど造粒操作がなかなか難しい。この難解な物性を創意工夫で乗り越えるところに食品造粒技術の真価が問われる。

　筆者が会社務めの頃，上司の役員から「お前の造粒技術は一流か？」と言われ，どのような答えを用意すればよいか考えた結果，海外駐在員に頼んで世界中から粉体食品を300種類くらい集めて貰い，拡大鏡（倍率の低い顕微鏡）で写真撮影して比較してみたことがある。その結果，日本以外の国では造粒品は少なく，粉末スープ，粉末ジュースなどは粉体の単純混合品がほとんどで造粒品は極めて少ないことがわかった。また海外の造粒品は質も粗雑で，きめ細かな造粒品は日本特有のものである。難解な物性の食品原料を商品として通用するレベルの品質にまで造粒し，商品化するためには造粒時の水分や環境の相対湿度の管理など定量的な造粒条件の管理が必

須であり，日本の得意とする分野である。

　本書は長年の筆者の経験を可能な限り定量的にとりまとめている。これから食品造粒技術に携わる若手技術者の参考になれば幸いである。

　2016 年 1 月

吉田照男

目　次

第1章　造粒の基礎 ……………………………………………………………… 1

1　造粒の目的 ……………………………… 1
2　造粒のメカニズム ……………………… 3
　2.1　粒の造られ方 ……………………… 3
　2.2　自足造粒機構と強制造粒機構 …… 4
　2.3　造粒の基本 ………………………… 6
　2.4　食品業界の造粒機の利用例 ……… 8
　2.5　造粒機の適性 ……………………… 9

第2章　造粒機の特徴と運転管理 ……………………………………………… 11

1　押出造粒機 ……………………………… 11
　1.1　エクストルーダー ………………… 15
　1.2　パスタ成形機 ……………………… 17
　1.3　押出造粒機の特性 ………………… 17
　　1.3.1　バインダの影響 ……………… 17
　　1.3.2　押出羽根とスクリーンのクリアランス（間隙）の影響 ……… 19
　　1.3.3　スクリーンやダイスの孔の向き ……………………………… 21
　　1.3.4　押出羽根の回転数の影響 …… 21
　　1.3.5　押出造粒機の稼働状況の診断 ……………………………… 22
　　1.3.6　原料の粒度の影響 …………… 22
　　1.3.7　原料の粒度と製品顆粒の硬さの関係 ……………………… 22
　　1.3.8　原料の温度と製品顆粒の強度の関係 ……………………… 23
　　1.3.9　押出造粒におけるトラブル事例及びその対策 …………… 23
2　撹拌造粒機 ……………………………… 28
　2.1　撹拌造粒機の種類 ………………… 28
　2.2　撹拌造粒機の運転条件 …………… 33
　2.3　撹拌造粒機のトラブル事例 ……… 39
　　2.3.1　円筒型撹拌造粒機の底面への原料付着トラブル ………… 39
　　2.3.2　原料食塩の品種違いによる収率低下トラブル …………… 39
　2.4　硬化油脂による撹拌造粒の事例 … 40
3　流動造粒機 ……………………………… 40
　3.1　流動造粒機の種類 ………………… 40
　3.2　流動造粒機の適用例 ……………… 44
　3.3　流動造粒機の運転条件 …………… 44
　　3.3.1　流動造粒機の基礎 …………… 44
　　3.3.2　最小流動化速度と流動状態 … 44
　　3.3.3　Bubbling領域 ………………… 48
　　3.3.4　流動化速度の基礎 …………… 48
　　3.3.5　流動化速度の理論 …………… 49
　　3.3.6　流動層の風速の計算例 ……… 50
　　3.3.7　流動造粒機でのトラブル事例 ……………………………… 54
4　複合型流動造粒機 ……………………… 54
　4.1　複合型流動層造粒機の原理，種類 ……………………………… 54
5　転動造粒機 ……………………………… 59

I

5.1 転動造粒機の種類 …………… 59
5.2 転動造粒機の運転条件に関する理論
　　　　　　　　　　………………… 60
5.3 転動造粒機の運転条件の実例 …… 62
6 圧縮造粒機／打錠機 ………………… 64
　6.1 圧縮造粒機の種類 ………………… 64
　　6.1.1 ブリケッティング・マシンと
　　　　　ローラー・コンパクター …… 66
　6.2 打錠機 ……………………………… 67
　　6.2.1 錠剤の製造 …………………… 67
　　6.2.2 錠剤製造における諸問題 …… 69
7 噴霧乾燥造粒機 ……………………… 73
　7.1 噴霧乾燥造粒機の種類 …………… 73
　7.2 噴霧乾燥造粒機の運転条件 ……… 76
　　7.2.1 噴霧乾燥機における製品水分の
　　　　　コントロール ………………… 76
　　7.2.2 噴霧乾燥における製品粒子径コ
　　　　　ントロール …………………… 77
8 解砕造粒機 …………………………… 80
　8.1 解砕造粒機の種類 ………………… 80
　8.2 真空乾燥の原理 …………………… 80
　8.3 真空凍結乾燥の原理 ……………… 82

9 コーティング技術 …………………… 83
　9.1 粒子コーティング装置の種類 …… 83
　　9.1.1 容器回転型コーティング装置
　　　　　　　………………………………… 83
　　9.1.2 流動層コーティング装置 …… 86
　9.2 コーティングの不具合と対策 …… 87
　9.3 コーティング技術の応用 ………… 89
10 カプセル化技術 ……………………… 90
　10.1 カプセル化技術の種類 …………… 90
　10.2 硬カプセル剤 ……………………… 90
　　10.2.1 硬カプセル充填機構 ………… 91
　　10.2.2 硬カプセル・キャップの嵌合機
　　　　　構 ……………………………… 92
　　10.2.3 硬カプセル放出機構 ………… 92
　　10.2.4 硬カプセルの封緘 …………… 92
　　10.2.5 硬カプセルの選別 …………… 95
　　10.2.6 硬カプセルの除粉 …………… 95
　　10.2.7 硬カプセルの充填後の変動 … 95
　10.3 軟カプセル剤 ……………………… 95
　　10.3.1 打ち抜き法（stamping
　　　　　method） ……………………… 96

第3章　造粒プロセス関連技術 …………………………………………………… 99

1 貯蔵 …………………………………… 99
2 計量 …………………………………… 101
　2.1 原料を受け入れたサイロから原料を
　　　輸送し，自動計量する工程 ……… 101
　2.2 粉体の中量原料の自動計量装置 … 102
　2.3 中量自動計量の誤差対策例 ……… 103
3 輸送 …………………………………… 104
　3.1 輸送装置の種類 …………………… 104
　3.2 空気輸送の理論 …………………… 104
　3.3 空気輸送の集塵 …………………… 107

　　3.3.1 サイクロン …………………… 107
　　3.3.2 バックフィルター …………… 110
　3.4 空気輸送における粒子の破砕の問題
　　　　　　………………………………… 112
　3.5 輸送工程のトラブル例 …………… 113
4 原料混合・混練 ……………………… 114
　4.1 原料混合技術 ……………………… 114
　4.2 混練技術 …………………………… 117
5 原料粉砕技術 ………………………… 118
　5.1 粉砕機の種類 ……………………… 118

5.2　粉砕の目的……………………118	5.6　粉砕工程のトラブルと対策………124
5.3　食品造粒で用いられる粉砕機……120	6　乾燥技術………………………………125
5.4　粉塵爆発の問題………………121	7　篩分技術………………………………128
5.5　粉砕機のスケールアップの問題…123	8　解砕技術………………………………129

第4章　造粒機のスケールアップ……………………………………………133

1　スケールアップの考え方……………133	2.2　撹拌造粒機のスケールアップ実施例
2　スケールアップの実施例……………135	………………………………………136
2.1　押出造粒機のスケールアップ実施例	2.3　噴霧乾燥機のスケールアップの問題
………………………………………136	点……………………………………137

第5章　バインダの活用法……………………………………………………139

1　バインダ選定の考え方………………139	7.1　食品のバインダ類の例…………144
1.1　マトリックス型バインダ………140	7.1.1　賦形剤…………………………144
1.2　フィルム型バインダ……………140	7.1.2　結合剤（バインダ）…………146
1.3　反応型バインダ…………………140	7.1.3　滑沢剤…………………………146
2　バインダに要求される条件…………141	7.1.4　崩壊剤…………………………146
3　造粒に関与する因子とバインダ……141	7.2　トラブル事例……………………146
4　バインダの温度………………………142	7.2.1　熱軟化性の強い賦形剤によるト
5　圧縮造粒におけるバインダ…………142	ラブル………………………146
6　バインダの種類………………………142	7.2.2　押出造粒できないトラブル…146
6.1　滑沢剤……………………………142	8　デキストリンのDEとは……………148
6.2　バインダに使われる材料………143	9　食品のフレーバー保持に使われるシクロ
7　よく使われるバインダの例…………144	デキストリン（Cyclodextrin）………149

第6章　造粒工程の環境管理…………………………………………………151

1　温度・湿度管理………………………151	2　空気清浄度・ゾーン管理……………157
1.1　湿度図表の応用…………………151	3　食品GMPとHACCP…………………160
1.2　湿度図表の応用…………………155	

第7章 造粒プラントの品質管理 …………………………163

1 粉体物性測定 …………………………163
 1.1 安息角 …………………………163
 1.2 粗比容（嵩密度 ρ_a の逆数）…164
 1.3 密比容（密充填嵩密度 ρ_c の逆数）…168
 1.4 圧縮度 …………………………168
 1.5 顆粒強度 ………………………168
 1.6 飛散率 …………………………169
 1.7 流動性指数 ……………………171
 1.8 スパチュラー角 ………………172
 1.9 凝集度 …………………………172
 1.10 均一度 …………………………173
 1.11 Carr の指数の計算例 ………173
 1.12 粒度分布 ………………………176
 1.13 水分 ……………………………176
 1.14 溶解性 …………………………177
 1.15 バルク顆粒品の貯蔵時の固結性 …………177
2 粉体物性関連のトラブル例 ………179
 2.1 包装品の経時変化 ……………179
 2.2 造粒方法の違いによる固結性の違い …………179
 2.3 造粒製品タンク底面固結トラブル …………181
3 異物混入防止対策 …………………182
 3.1 異物混入問題の現状と課題 …182
  3.1.1 総論 ………………………182
  3.1.2 食品製造における異物混入事故の分析 …………183
  3.1.3 異物混入の要因分析 ……185
  3.1.4 異物混入防止策 …………186
  3.1.5 オペレーターの衛生管理 …187
  3.1.6 機械・設備の保守点検 …188
  3.1.7 製造工程中での異物検知・防止対策 …………189
  3.1.8 虫，鼠類の防止対策と管理 …189
  3.1.9 オペレーター個人の健康管理と作業標準の遵守 …………190
  3.1.10 5S の励行とその実施状況管理 …………191
  3.1.11 異物検出除去装置 ………195
 3.2 微生物対策 ……………………200
  3.2.1 持ち込まない ……………201
  3.2.2 汚染源の抑制 ……………203
4 品質保証期間の設定方法 …………203

第8章 食品加工技術 ……………………207

1 インスタントスープ ………………207
2 インスタント・コーヒー …………209
3 コーヒーミルク ……………………211
4 飴玉 …………………………………213
5 コーティング技術の応用例 ………215
6 カプセル化技術の応用例 …………216
7 マカロニ，スパゲッティ …………220
8 ふりかけ ……………………………222
9 ポテトチップス ……………………224
10 金平糖＆かわり玉 …………………225
11 南国タイのデザート：タピオカパール …………228
12 ツブツブアイスクリーム …………229
13 「せんべい」・「あられ」・「おかき」…232
14 寒天 …………………………………235

第1章

造粒の基礎

1　造粒の目的

　何事もそうであるが目的意識を持つことが大切である。造粒品の製造を考えるとき，粒の大きさ，形，硬さ，溶解性など様々な粒の特性が考えられる。顆粒商品を造ろうとするとき，その商品の形状を「押出造粒」とか「攪拌造粒」，「流動造粒」のように安易に決めてはいないだろうか。競合他社が先行商品を販売していると，つい真似して，その外観にとらわれがちである。しかし市場ニーズに応える商品は，そのコンセプトを良く考えないと得られない。研究開発段階でテストした結果に従って，そのコンセプトをよく考えながら装置選定することが大切である。

　そこで商品のコンセプトに関わる造粒の目的をレビューし，最近の造粒装置とその特徴を紹介する。また装置の選定と同時に運転条件の設定が大切である。どんなに優れた機械でも，その運転条件が悪ければ決して良い製品は得られない。装置，機械を使いこなしてこそ初めて目的とする製品が能率良く生産できるのである。生産技術を良く理解していない人は設備を購入して原料が揃えば運転方法は設備メーカーが教えてくれるので，それで済むと勘違いしている人がいる。設備運転の基本操作は設備メーカーが教えてくれるが，自社の製品のコンセプトを十分満たす形で生産できる運転条件までは設備メーカーが設定できる訳がない。

　設備メーカーは生産プラント規模で消費物を生産した経験がないので賢明な読者諸氏ならば容易に理解できることである。

　したがって生産プラントの適正な運転条件の設定は正に設備のユーザー技術者の技術力にかかっている。本稿では「誰が運転しても同じ品質の製品を同じ能率で生産できる」をモットーに

第1章　造粒の基礎

表 1　業界別に見た造粒の目的[1]

No.	分類	内容（基本）	食品	医薬	飼料	肥料	廃棄物	洗剤	農薬
1	偏析の防止	密度，粒度の差で成分の分離防止	個装間の味風味の差防止 ±10%	一回服用の薬効維持 ±15%	選り好み防止 偏析防止	成分偏析防止		成分偏析防止	成分偏析防止
2	圧密調整（高密度）	高増大防止	包装入れ目の安定化	容積を減じ服用を容易にする	自動給飼化	定量施肥	埋立てやすい 運搬費用削減	適正な高密度	
3	流動性向上	重力流動，機械的流動の円滑化	ハンドリング性向上	ハンドリング性向上	ハンドリング性向上	輸送，貯蔵，施肥の合理化	ハンドリング性向上	ハンドリング性向上	ハンドリング性向上
4	溶解，分散性 崩壊性の制御	主薬粉防止 溶解制御	主薬粉防止 溶解性向上	胃溶，腸溶製剤 徐放等放出性制御	養魚で水中の成分逸散抑制を10分以上保持	肥料成分溶出制御 肥効調節		溶解性向上	水中崩壊性，分散性向上
5	通気性向上	通気抵抗の低減							
6	機能付与	吸着，マスキング 商品価値向上	風味保持 健康食品苦味マスキング	苦味マスキング	ペレット化で動物の嗜好性向上	植物別，元肥，造粒別や速効，緩効制御	製鉄有効成分回収 切屑再生，燃料化		有効成分の長期安定性確保
7	固結防止	吸湿固結防止 圧密固結防止	吸湿固結防止	調剤等取扱い性改善		吸湿固結防止		吸湿固結防止	吸湿固結防止
8	発塵性の防止	作業環境浄化 粉塵爆発予防 貯蔵性向上	作業性改善 包装シール不良改善	作業性改善	作業性改善 風による飛散防止 食べ残し削減	作業性改善		微粉の粉立ち防止	微粉混入防止
9	計量の制御	自動計量化 自動包装化 生産性向上	自動計量包装 生産性向上			輸送，包装，供給自動化		計量性向上	
10	安全	粉塵爆発防止 自然発火予防 長期保存性				環境保全	有害物流出防止		環境保全

最適な設備の選定，定量化された最適な運転条件を如何に設定するかを詳しく解説する。

そこで日本粉体工業技術協会の造粒ハンドブック（オーム社）等を参考に造粒の目的を異業種で比較してみると表1のようになる。

表1を見るとわかるように食品以外でも医薬品，飼料など主な6業種で造粒が行われている。造粒を行うことによってどのような目的が達成されるかを考えると，表1の左端のように混合成分の偏析，粉体の流動性の向上，分散溶解性の改善，固結防止，発塵性の防止，健康食品などに見られる機能の付与などが達成される。これらの中で食品について考えると偏析の防止では成分の偏りは医薬品の±15％に対して±10％と医薬品以上に成分の偏析を嫌う面が見られる。それは味，風味の嗅ぎ分けを人の口で行う食品では塩味，うま味など10％違うと大抵の人に判別されてしまうからである。

また溶解性についても医薬品や養殖魚の飼料，肥料のようにゆっくり溶けるような要求に対して食品では即溶ける溶解速度の速さが求められる。粉末スープやインスタントコーヒーなどお湯で溶かす時，なかなか溶けないとイライラする人も多いと思う。このように食品では素早く溶けることが最も要求される品質である。

また最近多く見かけるサプリメントの分野では，苦みやニンニクの臭いのマスキングなどコーティングやカプセル化といった，これまで医薬業界で利用されてきた技術が応用される場面も多く見受けられる。

さらに食品ではサプリメントを除くと販売単価が1,000円／kgと医薬品や化粧品に比べて2〜3桁安いため，製造部門においては生産性の向上が強く求められるので，包装の能率向上などを目的に製品の流動性の向上のため造粒が行われる。

2　造粒のメカニズム

2.1　粒の造られ方

造粒の理論的体系化は難しく経験に頼る部分が多い。造粒が行われるためには原料の粒子がお互いに結合しあう力が必要で，その粒子間の結合力は一般的に以下のような組み合わせで行われていると考えられる。

① 静電気力
② 粒子間に働くファンデルワールス力
③ 粒子表面に吸着した水による結合力
④ 粒子間に液体が残り，その液体表面を小さくしようと働く表面張力による結合力
⑤ バインダによる結合力
⑥ 高温高圧下における原料粒子の融解による結合力
⑦ 粒子同士の幾何学的絡み合い

押出造粒のような湿式造粒においては粒子間液体による結合力である③〜⑥が関与していると

第1章 造粒の基礎

考えられる。粒子間の液体架橋量（固‐液の充填率）が多いほど粒子間の結合力は大きくなる。造粒機内では加水と品温上昇により粉体の加水への溶解や結晶水の放出が起きており，原料の配合，原料成分の溶解度や結晶水含有量の違いにより，系内の液体架橋率が大きく変わる。したがって糖類のように溶解度の大きな成分は造粒に大きく影響する。造粒方法には大きく分けて原料粒子を凝集させて望みの大きさの粒にする Size enlargement 方式と原料を塊状に固めてから，それを砕いて希望の粒にする Size reduction 方式がある。食品などでは前者の方が多い。

2.2 自足造粒機構と強制造粒機構

一方，造粒技術で有名な中央大学名誉教授の関口氏は次に示す図1[2]のように粒子同士の衝突で造粒が進む自足造粒と外部から力を加えて強制的に粒にする強制造粒に分ける考え方を示されている。したがって，流動造粒や攪拌造粒のようにバインダの液滴を核にして原料の小さな粒を集合させて集合粒を造るものが自足造粒機構と呼ばれ，押出造粒のように1 mmφのスクリーンから押し出された原料が1 mmφの円筒状の粒になるような造粒機の構造によって，その大きさや形が決まる造粒方法を強制造粒機構と呼ぶ。

いずれにせよ，どのようにして粒ができるのか，そのメカニズムを良く考えることが造粒を上手く行う上で大切である。

関口らは湿潤粉体の液体の充填様式と造粒法の関連を表2[2]，図2[2]のように説明している。

図2のA〜Eは表2のA〜Eを表している。このA〜Eを，粉体を小さなニーダーで混練した時の攪拌トルクの強さで表すと図3のようになる。

含液率の少ないAやBでは，ほとんど乾いた粉を攪拌するので攪拌トルクはさほど大きくないが，含液率が多くなるCからは攪拌トルクが急激に大きくなる。

さらに含液率を多くすると粉体は粉の状態からペースト，泥しょうの状態になるので攪拌トルクは急激に低下する。この攪拌トルクがピークになる点を PL値（plastic limit）と呼んでいる。

表2と比較して図3を見ると造粒方法の内，圧縮成型法では粉体がパサパサのAのゾーンが造粒に最適のゾーンであるが，筆者の食品での経験ではバインダとして1％程度のデキストリンを加えたが液は加えなかった。いわゆる含液率0の状態で造粒が上手く進行した。

その他の筆者が経験した食品の造粒においてはほとんどCのゾーンが造粒の最適ゾーンであった。表2では噴霧造粒（噴霧乾燥造粒）を除きBのゾーンも最適造粒ゾーンになっているが，これらは食品ではなく飼料や肥料，廃棄物の造粒で見られる現象と考えられる。

また粒の成長様式による造粒物生成の典型例を図4に示した。ここでは粒の成長様式にはレイヤーリング，アグロマレーション，コーティングの3様式があることを示している。

いわゆる造粒のアグロマレーションを理解できない人はいないがときおり，レイヤーリングとコーティングを混同する人がいるので解説すると，図4にレイヤーリング造粒（積層）とあるように大きな粒Aを小さな粒Bが取り囲んでいるが，小さな粒Bと粒Bの間には隙間があり，粒Aを防湿剤の粒Bでレイヤーリングにしても粒Aの吸湿防止はできないのである。これに対

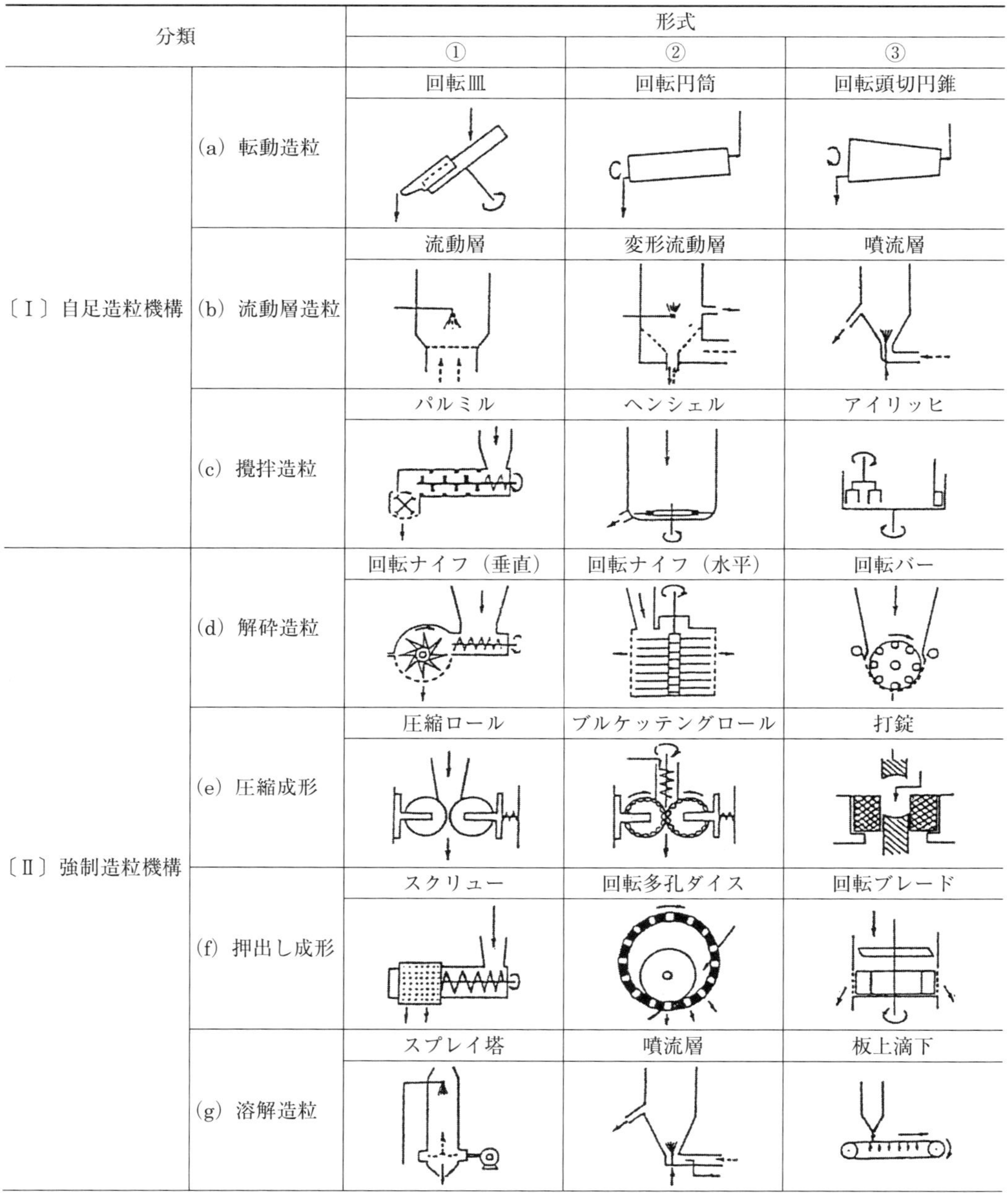

2 造粒のメカニズム

分類		形式		
		①	②	③
〔Ⅰ〕自足造粒機構	(a) 転動造粒	回転皿	回転円筒	回転頭切円錐
	(b) 流動層造粒	流動層	変形流動層	噴流層
	(c) 攪拌造粒	パルミル	ヘンシェル	アイリッヒ
〔Ⅱ〕強制造粒機構	(d) 解砕造粒	回転ナイフ（垂直）	回転ナイフ（水平）	回転バー
	(e) 圧縮成形	圧縮ロール	ブルケッテングロール	打錠
	(f) 押出し成形	スクリュー	回転多孔ダイス	回転ブレード
	(g) 溶解造粒	スプレイ塔	噴流層	板上滴下

図1 自足造粒機構と強制造粒機構[2]

してコーティング造粒（被覆）は大きな粒Aを防湿剤Bの小さなスプレー液滴で被覆するので，大きな粒Aは防湿剤Bのフィルムで包まれるため吸湿防止ができる。

第1章　造粒の基礎

表2　湿潤粉体の充填様式と造粒法との関連[2]

液分(%)		0	→液分増加			100
状態		A	B	C	D	E
充填様式	粉体	連続	連続	連続	不連続	不連続
	液体	不連続	連続	連続	連続	連続
	空気	連続	連続	不連続	ゼロ	ゼロ
	充填域	pendular域	funicular域-Ⅰ	funicular域-Ⅱ	capillary域	slurry域
	最上式通称	パサパサ		(P.L.)ネバネバ	(L.L.)ドロドロ	
造粒法との関連	圧縮成形法	○	△	△	×	×
	押出造粒法	△	○	○	△	×
	転動造粒法	△	○	○	△	×
	噴霧造粒法	×	×	×	×	○
	攪拌造粒法	△	○	○	△	×
	流動層造粒法	△	○	○	×	×

注）○：最適状態，△：場合によっては不適，×：不適
（関口　勲：造粒便覧（1975），日本粉体工業協会編，p.57，オーム社，より引用）

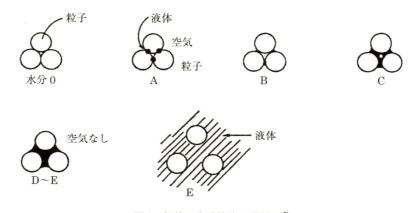

図2　粉体の充填状態の模型図[2]

2.3　造粒の基本

　先にも述べたように食品に限らず粉体を造粒するのは，それほど簡単ではないので大抵はトラブルにみまわれて悩むことが多い。その際，造粒機だけのことを考えているとなかなかブレイクスルーできないことが多い。以下のように原料の配合から始まり，粉砕，造粒，乾燥，輸送，篩分，塊の処置，微粉の回収，製品の包装と各単位操作がリンクした生産プラントとして眺めることが必要である。

　　原料→配合→輸送→粉砕→加湿混練→造粒→輸送→乾燥→輸送→篩分→包装
　　　　　　　　　　　　　　　　　→塊の処理・微粉回収

2 造粒のメカニズム

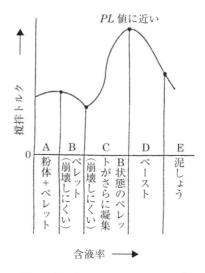

図3 含液率と撹拌トルクの関係[2]

I レイヤーリング造粒（積層），湿潤粉体，粉体＋スプレー液体

II アグロマレーション造粒（合体），湿潤粉体，粉体＋スプレー液体

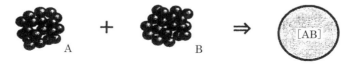

III コーティング造粒（被覆）

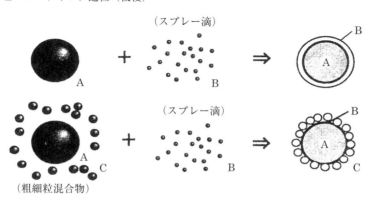

図4 成長様式による造粒物生成の典型例[2]

第1章 造粒の基礎

また食品では原料が医薬品のように精製された物は少なく有機酸や糖類などが混じった多成分系であるため吸湿したり熱軟化したりする。砂糖や乳糖などは10％程度含まれても簡単に押出造粒できる。しかし，それが20％になると混合原料全体が熱軟化し易くなり造粒できても生産プラントの輸送工程のロータリ・バルブの軸受に入り混んだ原料粉が熱軟化してロータリ・バルブが停止して生産プラント全体を停止させるトラブルになることがあるので要注意である。また食塩はMg，K，Caなどのザルツを含むので，その含有量により造粒が簡単であったりトラブルになったりする。ザルツを含む海の塩を原料としていたプラントでオペレーターが誤ってザルツをほとんど含まない岩塩を投入したところ塊が多くなり造粒品の収量が極端に低下した例がある。

良く賦形剤に使われるデキストリンなどはそのDE値（バインダの項で解説）により造粒できたり造粒が困難な場合がある。DE＝10～13％程度のデキストリンが5％以上含まれると押出造粒，流動造粒など多くの造粒が難しくなる。しかしDE＝2～5％程度のデキストリンが50％以上含まれていても簡単に押出造粒できる。筆者は実験の経験が少ないがDE＝2～5％程度のデキストリンの場合，メーカーが食品造粒用として販売しているので100％近くの配合でも押出造粒できると考えられる。

またグルコースは比較的値段が安いので賦形剤に使うことがあるが，アミノ酸が配合される系では造粒できて生産そのものは順調でも，市場に出てからグルコースとアミノ酸が褐変反応して製品の色が濃くなり消費者クレームに繋がったこともあるので要注意である。

2.4 食品業界の造粒機の利用例

範囲の狭いデータであるが筆者が技術指導した食品業界の造粒機の種類別の利用状況は下記の通りであった。押出造粒機，攪拌造粒機，流動造粒機の利用が多く設備費の高い複合型造粒機は医薬業界では多く見られるが食品業界では稀である。

最近，食品業界はフレーバー保持の要求が多く，真空乾燥や真空凍結乾燥した食品の塊を解砕して粒を造る解砕造粒が増えているようである。

① 押出造粒機・・・・・・・・・25％
② 攪拌造粒機・・・・・・・・・33
③ 流動造粒機・・・・・・・・・25
④ 転動造粒機・・・・・・・・・7
⑤ 圧縮及び解砕造粒機・・・・・・6
⑥ 噴霧乾燥造粒機・・・・・・・・2
⑦ 複合型造粒機・・・・・・・・・2

2.5 造粒機の適性

造粒の目的の項でも述べたように，食品の造粒においてはそのコンセプトにより，溶けやすい粒が欲しいのか，丈夫な粒が欲しいのか，コストが安い方が良いのか，フレーバー保持が希望なのかにあわせてその造粒方法が決まる。代表例を示すと次のようになる。

① 丈夫な粒が欲しいならば：押出造粒機
② 溶解性の良い粒が欲しいならば：流動造粒機，複合型造粒機，転動造粒機
③ 低コストが希望ならば：攪拌造粒機
④ フレーバー保持や機能成分の保持が希望ならば：真空乾燥，真空凍結乾燥品の解砕品

第2章

造粒機の特徴と運転管理

1 押出造粒機

　代表的な押出造粒機としては図5[3]のようなバスケット型と図9[3]のような横押出スクリュー型がある。この他，原料の性質に合わせ，生産性も加味して図6[3]や図8[3]のような押出造粒機が市販されている。押出造粒機を分類すると下記のようになる。

　　スクリュー押出造粒機…①前押出型，②横押出型
　　ローラー押出造粒機…①水平円盤ダイス型
　　ブレード押出造粒機…①バスケット型，②オシレーティング型
　　移動ダイス形押出造粒機…①ギアー押出型，②円筒押出形押出式

　押出造粒機の例としては，表3[2]に横押出スクリュー型の例を，表4[2]にバスケット型の例を示した。横押出スクリュー型のEXD-60の60はスクリーンの直径を表し，バスケット型のBR-

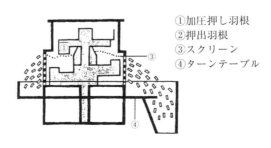

①加圧押し羽根
②押出羽根
③スクリーン
④ターンテーブル

図5　バスケット型押出造粒機[3]

第2章　造粒機の特徴と運転管理

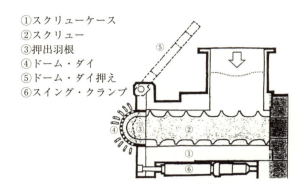

図6　前押出型押出造粒機[3]

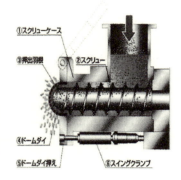

図7　図6のカタログの図
（ドームグラン）[3]

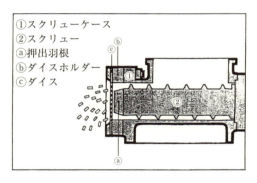

図8　前押出型押出造粒機[3]

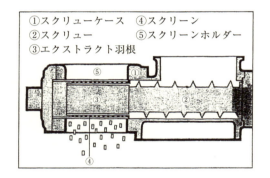

図9　横押出型押出造粒機[3]

表3　横押出スクリュー型造粒機でのテストデータ[2,4]

分類	造粒物		造粒条件			処理能力 [kg/h]
	品名	配合物	造粒形状	使用機械	バインダー造粒時水分 [％W・B]	
医薬品	解熱剤	フェナルセン アビセル 乳糖	14～3 mesh 球形顆粒	EXD-60 Q-230	PVP溶液 20	40
	胃薬	消化酵素 乳糖	1 mmφ 円柱顆粒	EXD-100	水	150
食品	クリームシチュー	ラード, 小麦粉 その他	1 mmφ 不定形顆粒	EXD-100	水 10～11	350
	化学調味料	MSG, イノシン酸 食塩	1 mmφ 円柱顆粒	EXD-100	水 6	150
	甘味料	甘草エキス	1 mmφ 円柱顆粒	EXD-100	水＋アルコール 21	120

1 押出造粒機

表4 バスケット型押出造粒機でのテストデータ[2,4]

分類	造粒物 品名	造粒条件 造粒径 [mmφ]	使用機械	造粒時水分 [% W・B]	処理能力 [kg/h]
医薬品	胃薬	1.0	BR-200	20	200
食品	粉糖	0.8	BR-600	3	750
	風味調味料	1.2	BR-600	8	600
	食品用防腐剤	0.8	BR-450	25	500
農薬	除草剤	0.9	BR-600	15	1,500

200の200はバスケットの直径(mm)を表す。処理能力はバスケットやスクリーンの大きさにほぼ比例し、さらに粒径でも異なり、粒径の大きいほうが能力が大きくなるが、食品のように造粒物により同じサイズの設備BR-600でも粒径0.8 mmφの粉糖より1.2 mmφの風味調味料の方が処理能力が小さくなるケースもあり、処理する原料によって差が見られる。

ローラー押出造粒機の例としては表5[27]のディスクダイ式押出造粒機が飼料、肥料、廃棄物の造粒に使われており、食品の例は見かけない。その構造を図12[37]に示した。その他図13~16[27]に見られる造粒機が文献等で紹介されているが、実際の生産現場で使われた例は少ない。

図10 図8のカタログの写真[3]

図11 図9のカタログの写真[3]

第2章 造粒機の特徴と運転管理

表5 ディスクダイ式押出造粒機でのテストデータ[2]（F-40/30kW でのデータ）

分類	造粒物		造粒条件		処理能力
	品名	配合物	造粒径 mmφ	加液量 [% D・B]	[kg/h]
肥料	高度化成肥料	硫安，リン安 塩加	3	水 1〜3	500
	有機入化成肥料	菜種粕 高度化成肥料	3	水 1〜3	450
	鶏糞	醗酵品	5	—	400
飼料	ビートパルプ	乾燥品	5	スチーム 4	1,000
	牧草		5	水 2〜3	
	肉牛用 配合飼料		8	スチーム 2〜3	800
化学工業・薬品	活性炭		3	オイルピッチ 10	800
	グラファイト		3	リグニン 10	600
	X樹脂	軟化点110℃	5	—	300
	フェライト		5	PVA 17	1,500
廃棄物	下水汚泥		3	—	400
	排脱石膏		8	—	1,000
	EP灰	重油燃焼灰	3	水 30	400
	バーク	木の皮粉砕品	10	樹脂系バインダー 5	300

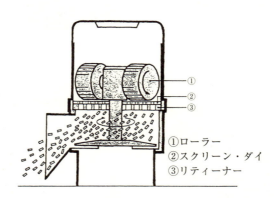

① ローラー
② スクリーン・ダイ
③ リティーナー

図12 フラットダイス式押出造粒機[3]

1　押出造粒機

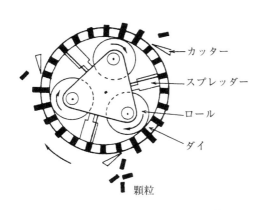

図13　リングダイス式押出造粒機[2]
（ディスクペレッター）

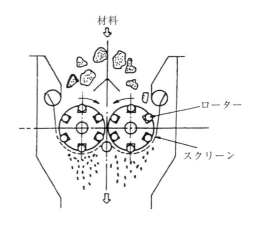

図14　オシレーティング式造粒機[2]

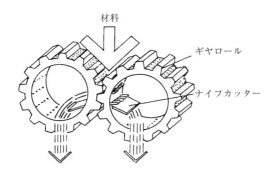

図15　ギア式押出造粒機[2]

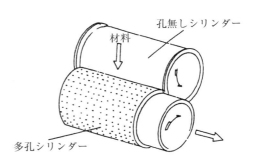

図16　シリンダー式押出造粒機[2]

1.1　エクストルーダー

飼料の顆粒製造によく使われるエクストルーダーがある（図17）。これは食品では「○○カール」のような名称で菓子の製造に使われている。原理はトウモロコシや米の粉砕品などに水を数％～20数％加えて，混練，加熱し，高圧で丸や特殊な形（楕円，骨の形状など）の孔が開いたダイスから押し出すことによりポーラスな成形品が得られる。

この成型品をダイス出口のカッターで切断し，カッターの回転速度を変えることで成型品の長さを加減できる。カッターの速度がゆっくりの時は長細いポーラスな顆粒ができ，カッターの速度が速いと平たい円板または特殊形状の小さなビスケット状の顆粒が得られる。図20に成形品のサンプルの外観を示した。加熱は蒸気や電熱で行うが，蒸気は5 kg/cm^{2}の圧力で158.1℃であるから品温100～150℃の加熱に用いられ，150～300℃の高温の加熱には電熱が使われる。押出は図18のようなスクリューで押出最高圧力300 kg/cm^{2}に達する。押し出された成形品は水分を蒸発しながらポーラスな成型品となる。全体の構造図を図19に示した。

第2章　造粒機の特徴と運転管理

図17　エクストルーダーの外観[6]

図18　エクストルーダーのスクリュー[6]（先端のダイスを外した状態）

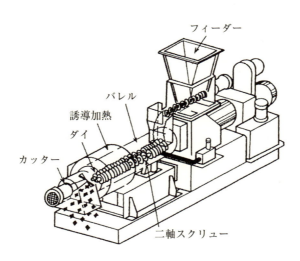

図19　ダイスとカッターを装着したエクストルーダー[2]

1　押出造粒機

膨化スナック

養魚飼料

丸大豆の加熱処理品

図20　エクストルーダーによる加工品の例[7]

1.2　パスタ成形機

　パスタの成形機については押出成形技術の一種類であるが第8章食品加工技術の7節マカロニ，スパゲッティの成形の項で具体例も含めて解説するのでこの章での説明は省略する。

1.3　押出造粒機の特性
1.3.1　バインダの影響

　乾いた粉に水を加えながら混練すると，その混練に要する攪拌トルクは加えられるバインダによる含液率により第1章の2.2で説明した図3のような挙動をする。A, Bと液の含量が少ない間は攪拌トルクも小さいが，含液粉体が粘弾性を有するCの領域になると攪拌トルクが急激に大きくなる。押出造粒を含めほとんどの造粒では，このCの領域に造粒に最適な含液率が存在する。したがって少量の粉体でこのようなグラフが描けるので，この実験ができる装置を用意すれば実際の造粒機でテストする前に造粒に最適な含液率の予測ができる。この図でピークの点をPL（Plastic Limit）と呼ぶ。この点よりさらに液を多く加えると，含液粉体はDのペースト状からEの泥しょう状態になり攪拌トルクは急激に低下する。押出造粒の生産プラントで造粒品の品温を図3の攪拌トルクに置き換えて採取したデータを見ると，図21のように図3と同様な図が描けて図3のCのゾーンに当たる部分で良好な造粒が行われていることを確認できた。このことから図3の現象は実際の生産プラントの中でも再現されていることがわかった。

　製品，押出造粒品の粗比容（嵩密度の逆数）と添加水率の関係を求めると，図22のように添加水が多いほど粗比容が小さく嵩密度が大きいしっかりした顆粒ができていることがわかる。このデータを基に，一定の粗比容にするためには添加水の加減で実現できることがわかる。また図23は添加水と粉化率の関係を示した。添加水が少ないと粉化率が高くなっている。この粉化率は下記の図24で説明するように，これが高いと顆粒が崩れやすい，すなわち顆粒がもろいので，造粒時の添加水が少ないと顆粒は弱くなることがわかる。

　図24はフラスコをシェイクして液体の混合やラボレベルの振とう培養を行うための実験機であるが，粉化率の測定において筆者らは，フラスコを200 mlの円筒状のスチロール製サンプルビンに置き換えて輪ゴムで振とう機に固定して実験した。例として粒度分布が300 μm～

第 2 章　造粒機の特徴と運転管理

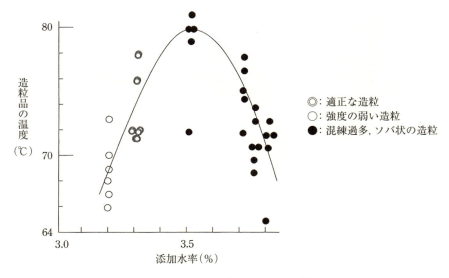

図 21　実際の生産プラントでの実験例

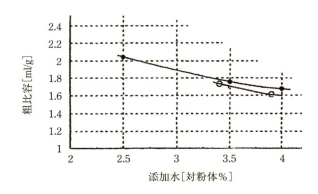

図 22　押出造粒の添加水と製品の粗比容

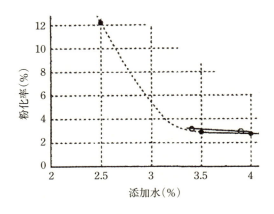

図 23　押出造粒の添加水量と粉化率

1 押出造粒機

図24 粉化率の測定用，振とう機

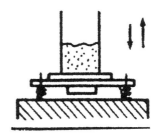

図25 振とうの様子

1,400 μm の試料の場合は篩で 300 μm 以下の粒子を除去後，この試料 50 g を 200 ml のスチロールビンに入れ，振とう機に輪ゴムで固定して振幅 45 mm，振動数 300 rpm で 1 時間，図 25 のように上下に振とうする。その後，振とうによって発生した 300 μm 以下の微粉を計測して，仕込んだ試料 50 g に対して発生した微粉量を％で表し粉化率とした。図 23 の粉化率はこの方法で測定したものである。

1．3．2　押出羽根とスクリーンのクリアランス（間隙）の影響

バスケット型押出造粒機の押出羽根とスクリーン（バスケット）のクリアランスの影響を調べると表 6 のデータのように，このクリアランスが狭いほど造粒機の処理能力（流量）は大きくなり，粉化率で表した顆粒強度はクリアランスが狭いほど粉化率が大きく顆粒強度は弱いことがわかる。すなわち，このクリアランスが狭いほど押出流量（造粒能力）は大きくなるが顆粒はもろく溶解性はよくなる。

表 6　押出し羽根とスクリーン（バスケット）の間のクリアランス（間隙）と流量や粉化率の関係

①押出羽根とスクリーンの間隙は狭い方が流量が大きい	
間隙	流量（食品，バスケット直径 400 mm）
1.0 mm	930 kg/H
1.5 mm	820 kg/H
2.5 mm	550 kg/H
②顆粒強度は押出羽根とスクリーンの間隙が広いと大きい	
間隙	粉化率（食品，バスケット直径 400 mm）
1.0 mm	2.0%
1.5 mm	1.2%
2.5 mm	0.8%

第 2 章　造粒機の特徴と運転管理

　図 26 はクリアランス（クリアランスは図 27 に図示）と造粒機の流量，クリアランスとスクリーン（バスケット）の受ける応力の関係を示した。クリアランスが狭いほど造粒機の流量は大きくなるが，スクリーンの受ける応力は小さくなることがわかった。

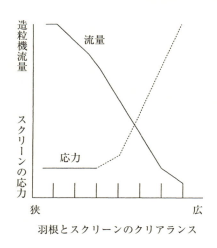

図 26　押出羽根とスクリーンのクリアランスと流量，応力[4]

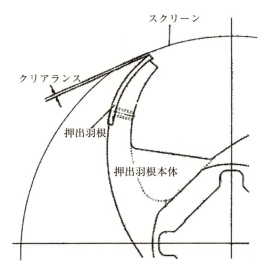

図 27　押出羽根とスクリーンのクリアランスの説明[4]

1 押出造粒機

1.3.3 スクリーンやダイスの孔の向き

図28はスクリーンや押出造粒のダイスの孔の断面図である。原料は上から流す。AからDまでいろいろな形状があるがAが最も押出抵抗が少なく，B，C，Dと押出抵抗が大きくなる。先広がりの孔の方が押出抵抗が少ないことが30年位前の文献にも紹介されている。

図28はダイスの例であるが，バスケット型押出造粒機や横押出造粒機では図29のように厚さ1mm程度の薄板でスクリーンが造られている。原料を流す方向は孔を打ち抜いた際にできるバリの出ている方向から流すとスクリーンの受ける抵抗が少ない。したがってダイスもスクリーンも，原料を流す方向は孔が先広がりの方向が流しやすいことがわかる。

1.3.4 押出羽根の回転数の影響

押出造粒機の押出羽根の回転数に関して，適正値を判定することは難しい。原料により異なり一概に決められない。一見，回転数が早い方が原料を多く流せるように思われるが，できる造粒品の質まで考えると早計な決定は禁物である。筆者の経験では内径400 mmφのバスケット型の場合は26 rpm（羽根の先端周速0.54 m/sec）が良かったが，これは設備メーカーが設定した速度のままであり，これが一般的のようである。多少速度を上げた実験も試みたが，流量は増すが

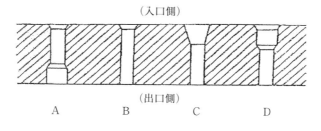

A→Dの順に原料を流す抵抗が大きくなる
A. 早抜孔
B. ストレート孔(標準型)
C. テーパーインレット型
D. 段付孔

図28 押出造粒機，ダイスの孔の形状 [4]

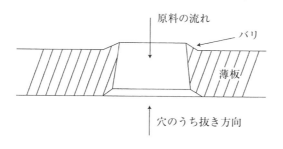

図29 バスケットの孔の向き [4]

第2章 造粒機の特徴と運転管理

造粒品の質が変わるので回転数の変更はできなかった。

1.3.5 押出造粒機の稼働状況の診断

稼働中の押出造粒機が順調に稼働しているかどうか診断する際の着眼点は、造粒機のスクリーンの全面から原料がまんべんなく押し出されているかどうか観察すると良い。ときおり、原料が全面から押し出されず、特にバスケット型造粒機ではスクリーンの上部1/4〜1/2で原料が押し出されていないことがある。原料の供給が設定量より少ないときに見られる現象である。

また造粒、乾燥後の製品中の塊（複数の造粒品がおこしのように塊になる）の量を調べると運転状態が適性かどうかがわかる。この塊が多ければ造粒機の能力に対して原料の供給量が少なかったり、バインダの量が多すぎるなどの原因が考えられる。

また押出羽根とスクリーンのクリアランスが広すぎると、原料が押出羽根とスクリーンの間で混練され過ぎて押し出されるため造粒品が塊を造りやすくなる原因の一つとなる。この場合はスクリーンが強く押されるため、スクリーンの変形や破損の原因になりやすい。

1.3.6 原料の粒度の影響

原料にバインダを加え造粒する前段階では原料を粉砕するが、どの程度細かく粉砕すれば良いか工夫が必要である。原料の粒度が粗い方が押し出されやすいように思われるが、粗すぎるとスクリーンの抵抗が増しスクリーン破損の原因になる。

1.3.7 原料の粒度と製品顆粒の硬さの関係

造粒前に原料を砕く時、食品では原料の粒度が粗い方が押出造粒機を通過する速度は速く流量が増すが、製品の木目は粗くなり見た目は良くない。逆に原料を細かく砕き過ぎると木目は細かく見た目は良くなるが、フレーバーなど食品本来の品質は低下するおそれがある。

顆粒の強度（硬さ）は食品のデータではないが図30のように、飼料のデータから原料の粒度が細かいほど硬い丈夫な粒が得られることがわかる。

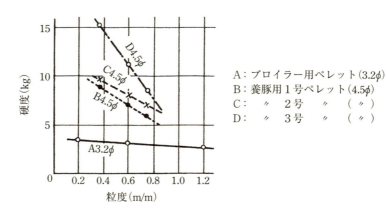

図30　原料の粒度と製品顆粒の高度[2)]
4.5φ、3.2φは製品顆粒の大きさ（単位mm）

1　押出造粒機

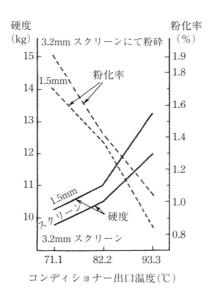

図31　コンデショナー出口温度（原料の温度）と製品顆粒の強度の関係[2]

1.3.8　原料の温度と製品顆粒の強度の関係

　食品ではなく飼料のデータになるが，図31のように原料の温度が高い方が製品顆粒の強度が強くなる。食品では例が少ないが飼料ではコンディショニングと称して，造粒時の原料に蒸気を吹き込み加温する方法がある。

1.3.9　押出造粒におけるトラブル事例及びその対策

(1) バスケット型押出造粒機で原料が押し出せないトラブル

① トラブル内容

　100 mmφの実験室規模のバスケット型押出造粒機で機械を稼働させたが，事前にバスケット内に仕込んだ原料が全く押し出されない。

② トラブルの原因

　100 mmφのバスケット型押出造粒機には設定通り原料が，押出羽根が隠れる程度に適性に仕込まれていた。しかし機械を稼働させても原料が全く押し出されない。

　バスケットを外し原料を全て取り出して再度バスケットを組み付けて機械の組み立て方が正しかったかどうか確認したところ，装置そのものの組み立て方は問題なかったがバスケット内面と押出羽根の先端との間のクリアランスが3～5 mmと異常に広かった。これが原料が押出されない原因と推定した。

③ 対策と結果

　押出羽根本体に羽根（ステンレス製の2 mm厚の板）が2本のボルトで固定されており，ボルトを通す板の孔は長孔になっていた。板をずらすことで押出羽根の先端とバスケット内面のク

第2章　造粒機の特徴と運転管理

リアランスが加減できるようになっているので，このクリアランスを 3～5 mm より 1～1.5 mm に変更した。

　原料を再度仕込んで機械を稼働させたところ，スムーズに原料が押し出されて実験が完了した。この知見を基にしてバスケットの直径が 300 mmϕ の生産機でも同様に，押出羽根の先端とバスケット内面のクリアランスを 1～1.5 mm に設定することで，押出造粒機による食品の生産が順調に行われた。

(2) バスケットの破損が多いトラブル
① トラブルの内容

　400 mmϕ のバスケット型押出造粒機の 24 時間連続運転で食品を押出造粒生産している工場で，バスケットが 1 週間に 1 回位の頻度で破損した。1ヶ月程度連続で生産したい希望でバスケットの板厚を 1 mm から 1.2 mm にしたり，材質を変更したり，バスケットの孔の向きを変えたり（バリの出ている方とは反対側から原料を流す：基本に反するが）と工夫したが効果はなかった。

② 原因

　原因の一つは先の 1.3.9 の (1) のトラブルと同じく押出羽根先端とバスケット内面のクリアランスが 1.5～2.5 mm と大きすぎたことである。その次に原料粉体にバインダー（水）を加えて混練するが，その混練機が連続式ニーダーを使用しており，混練品を調べると 5 mmϕ ほどの水分を多く含む塊があった。これがバスケットの 1 mmϕ の孔を通過する時に砕かれてバスケットの応力を高める原因になっていた。

③ 対策

・押出羽根先端とバスケット内面のクリアランスを生産開始時に 1～1.5 mm に合わせて押出羽根をセットした。
・原料の混練機を従来の連続式ニーダーからオランダのシュギー社が製造する Flexomix に変更した。この結果，混練済み原料中の水分の多い塊が 5 mmϕ から 1 mmϕ に小さくなった。なお Flexomix については攪拌造粒の節で詳しく紹介する。
・1ヶ月の運転で少し外側に膨らむように変形したバスケットは，破損していなくても廃棄し新品と交換した。

　以上の対策の結果，1週間に1回破損していたバスケット破損事故は解消され，1ヶ月間バスケット破損事故のない運転が実現した。さらにこのバスケットの破損トラブルは，これらの対策で2年間バスケットの破損事故が全くない実績をつくることができた。

④ バスケット破損トラブルの材料力学的解析

　バスケットの破損トラブルを機械工学の材料力学的視点から解析した。

　ある食品の押出造粒プラントで複数台のバスケット型押出造粒機 HG-400 が稼働していたが，その内の1台のバスケットが破損した。バスケットの破断面を点検したところ約3 mm を一辺とする正三角形状の部分が破損して，その破片が見あたらないことが判明した。造粒機内をくま

1 押出造粒機

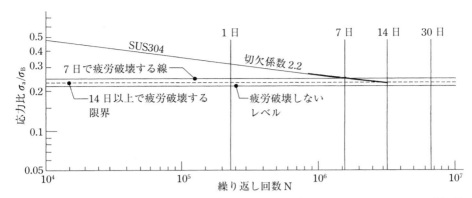

スクリーン繰り返し荷重回数 = 6枚 ×26 rpm×60分/H×24 H/日 = 2.246×10⁵回/日
σ_a：応力振幅
$\sigma_a = (\sigma_{max} - \sigma_{min})/2$, σ_{max} = 最大応力, σ_{min} = 最少応力

図32　ウェーラー曲線（対数表示のため直線）
（右下がりのSUS304の直線が14日で水平の点線と交差し σ_a/σ_B 破損限界に達し破損）

なく探して発見できなかったが，次の乾燥機内からその破片が発見できた。

原因はバスケットの長時間使用による金属疲労と推定された。図32のように金属材料は通常 10^6 回繰り返し応力を受けると，その応力が金属材料の引っ張り強さ以下の応力でも金属疲労で破損することが知られている。図32で破損したバスケットは24時間運転で7日目であった。

HG-400には6枚の押出羽根が付いており，それがバスケットの面に接近しながら通過したときに，応力比があるレベル以上では7日以内に金属疲労が発生して破損する。この応力比を小さくできれば金属疲労は発生しにくい。この応力比は応力振幅 σ_a より次のように計算される。$\sigma_a = (\sigma_{max} - \sigma_{min})/2$ とその材料の引張り強さ σ_B の比である。図32からわかるように，この応力比が0.24，すなわち引張り強さの24％以上の応力を繰り返し受けると 1.6×10^6 回繰り返された時点，すなわち7日でバスケットは金属疲労で破損することになる。

バスケット内面と押出羽根の先端のクリアランスを1.5 mm以下に調節すれば金属疲労は起こりにくい。しかし図の点線のように7日で破損するレベルに近すぎると14日で破損する場合もあると考えられる。

この実験的確認は図33のようにバスケット（スクリーン）に面圧計を取り付けて図34のような記録を取り，材料力学の計算式で σ_a/σ_B を次のようにして求めた。

スクリーンの受ける引張応力はバスケット（スクリーン）の半径 r とスクリーンの板厚 t および面圧 p から

最大応力 $\sigma_{max} = pr/t = 7.5 \text{ kg/cm}^2 \times 200 \text{ mm}/1 \text{ mm} = 1500 \text{ kg/cm}^2 = 15 \text{ kg/mm}^2$

最小応力 $\sigma_{min} = pr/t = 1.8 \text{ kg/cm}^2 \times 200 \text{ mm}/1 \text{ mm} = 360 \text{ kg/cm}^2 = 3.6 \text{ kg/mm}^2$

よって繰り返しによる応力振幅 σ_a は

第 2 章 造粒機の特徴と運転管理

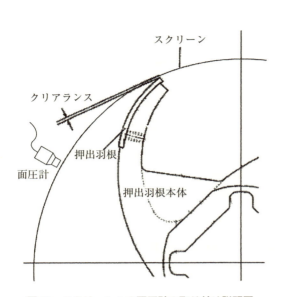

図 33 スクリーンへの面圧計の取り付け説明図

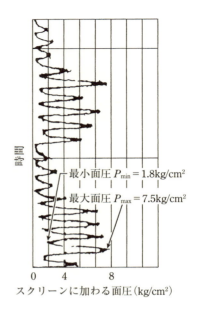

図 34 面圧の測定データ

図の右に出た山のピークが羽根が通過したときの面圧であり，6枚の羽根とスクリーンのクリアランスの違いで山の高さが異なる。

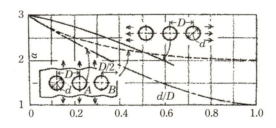

図 35 丸い孔の開いた板材の応力集中係数
（機械工学便覧　4 編　P4-14 引用）

$$\sigma_a = (\sigma_{max} - \sigma_{min}) / 2 = (15 - 3.6) / 2 = 5.7 \text{ kg/mm}^2$$

スクリーンは 1 mmφ の孔が 2 mm ピッチで空いているので，$d/D = 1/2 = 0.5$ となり，図35 の点線のグラフより応力集中の切欠き係数はおおよそ 2.2 となる。したがって応力集中が起きている部分の応力振幅は

$$\sigma_a = 5.7 \times 2.2 = 12.54 \text{ kg/mm}^2$$

SUS304 の材料の規格は引張り強さ 52 N/mm^2（53 kg/mm^2）以上だから，この時の応力比は

1　押出造粒機

　　$\sigma_a/\sigma_B = 12.54 / 53 = 0.237$

となる。以上をまとめて図で表したのが図32のウェーラー曲線である。

(3) 乾燥機内に原料の塊が堆積するトラブル
① トラブルの内容
　押出造粒品を横型連続流動層乾燥機で乾燥するプラントにおいて，乾燥機内に1 mm大の製品粒子が集合粒となり3 mm以上の塊が発生して流動不良を起こした。そのため集合粒をオペレーターが1時間おきに掻き出さないとスムーズな流動状態が確保できず，またその掻き出し作業中は造粒機の運転を停止せざるを得ず生産性が低下した。

② 原因
　造粒機は400 mmϕのバスケット型押出造粒機が複数台並んでおり，各造粒機からは1 mほどのシュートを経て振動コンベアに落とされ，以降水平に20 mほど搬送されて横型連続流動層乾燥機に投入されていた。若干気になったのは振動コンベアから流動層の底面までの高さが3 mほどあり，その高さを造粒品が落下していることであった。この落下で集合粒を形成している懸念があった。横型連続流動層乾燥機は5枚の仕切り板を流動層底面から10 mm位上がったところにセットし6室に区切られていた。最初の1室は造粒品の流動を助長するためにレーキ型の撹拌機が設置されており，6 rpm程度で回転していた。

　この状況から造粒品が集合粒になった原因は振動コンベアから流動層底面までの3 mの落下と撹拌機により混練されたためと推定し，検証のため3 mm以上の集合粒の量を測定した。すると造粒機の出口で既に3 mm以上の集合粒が10%程度あった。その比率は乾燥機の第1室でも同程度であり，集合粒形成の原因は造粒機にあると推定された。

　したがって3 mm以上の集合粒は造粒機から流れてきたまま乾燥機内に滞留し，1 mmの正常品のみが乾燥機から排出されている。そのため，3 mm以上の集合粒が乾燥機内に溜まり流動不良の原因となったと考えられる。

　そこで製品顆粒の粗比容（嵩密度の逆数）を包装の都合上粗比容の変動は小さくしたいので粗比容を，1.5～1.6 ml/gになるよう造粒機でのバインダ水の量を加減したところ，造粒機で発生する3 mm以上の集合粒の量が激減することがわかった。

③ 対策
　図36のようにバインダ水の添加率と製品顆粒の粗比容の関係を図にして製造現場に提示し，1時間に1回粗比容を測定した。もし粗比容が1.5 ml/gを下回ったらバインダ水を減らし，粗比容が1.6 ml/gを上回ったらバインダ水を増すように指示したマニュアルを作成して製造現場で実施したところ，乾燥機での3 mm以上の集合粒が堆積するトラブルは解消した。

(4) 原料の問題で押出造粒できないトラブル
① トラブルの内容
　デキストリンを5%含む食品を押出造粒しようと試みたが，うどん状に長い紐状の成形はでき

第 2 章　造粒機の特徴と運転管理

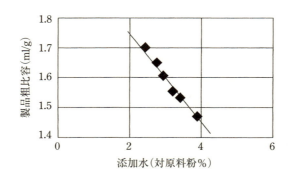

図 36　添加水率と製品の粗比容の関係

たが粒の形にはならなかった。押出造粒できるデキストリンがあるとの情報を得てサンプルを取り寄せた。デキストリンは DE の違いで数種類あるので DE を調べてみた。DE については第 5 章バインダの活用の解説を参照されたい。

② 原因

押出造粒できなかったデキストリンは DE = 10～12 であったのに対し，押出造粒できたデキストリンの DE は DE = 2～5 であった。水飴の DE は DE = 35～50 であることを考えると DE = 10～12 のデキストリンは DE = 2～5 のデキストリンに比べ粘度が出やすいため，粒にならず紐状になったと考えられる。

③ 対策

DE = 2～5 のデキストリンは DE = 10～12 のデキストリンに比べて生産量が少ないなどの理由で値段が高いが，何倍もするわけではないので原料を DE = 2～5 変更することでスムーズに造粒できるようになった。

2　攪拌造粒機

2. 1　攪拌造粒機の種類

攪拌造粒機の代表例は以下のものがあり，それぞれ図 37 から図 41 に示した。形式は以下のような分類になる。

　　攪拌造粒機…回分式：①円筒形（スピードニーダー型）：図 37，図 38
　　　　　　　　　　　　②御椀形（バーチカル・グラニュレーター型）：図 39
　　　　　　　連続式：①高速回転羽根形（Flexiomix）：図 40
　　　　　　　　　　　②高速回転円板形（フロージェット・グラニュレーター）：図 41

図 37，図 38 のスピードニーダータイプは底面の攪拌羽根が回転方向下向きに 30°の角度が付いており，この羽根が回転すると原料を上方向に跳ね上げ，その上の二枚の羽根で原料を剪断することで原料粉体とバインダを混合混練して造粒が進行する仕組みになっている。筆者の経験

2 攪拌造粒機

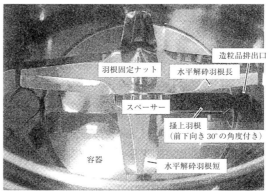

スピードニーダー外観　　　　　　　スピードニーダーの内部構造

図37　スピードニーダー型攪拌造粒機の外観および内部構造[8]

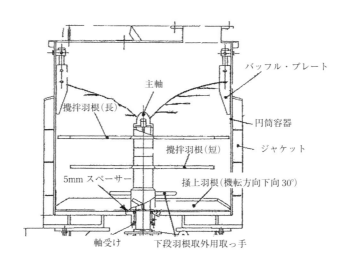

図38　運転中のスピードニーダー型攪拌造粒機内の粉面[8]

では羽根の外周速度は5～10 m/secが一番良く造粒が進行した。

　また原料の仕込み量は最上段の攪拌羽根が隠れる位が造粒にはちょうど良い量であった。攪拌羽根は羽根が回転することでセンターの軸を中心に原料表面が下がり，周辺の原料面が押し上げられるボルテックスを形成する。このボルテックスはバインダが加えられる前の粉だけのときは，回転する粉体の中心面が少し下がる程度の浅いボルテックスであるが，バインダが加えられると中心面が下がり深いボルテックス（図38）に変わる。この変化が起こるように攪拌羽根の回転数を加減すると，結果として攪拌羽根の周速は10 m/sec程度になる。

　羽根と材料の摩擦熱による温度上昇を利用する場合は，羽根の周速が20～40 m/sec程度が良

第2章　造粒機の特徴と運転管理

いとの文献もある。

　図39のバーチカル・グラニュレーターは底面の大きな攪拌羽根の回転で原料粉体が攪拌され，原料粉体が周辺に押しやられ周辺の粉面が高くなるボルテックスを形成する。原料粉体だけの時はスピード・ニーダーと同様に周辺の粉面は少し上昇する程度であるが，バインダが添加されると周辺の粉面は上昇し深いボルテックスを形成する。この機械の特徴は底面の大きな羽根で原料粉体全体を攪拌し，側面の解砕羽根（クロススクリュー）でバインダを含む湿った湿ダマを砕き造粒を進行させる仕組みである。

　連続式攪拌造粒機では筆者は図40のFlexiomixについて実験室および生産工場で使用した経験がある。Flexiomixの特徴は図40の（b）のように垂直のシャフトにツーポールのモーターを直結させて3,000 rpmで二段の鋭利な攪拌羽根（家庭用のジューサーミキサーの羽根に似た形）を回転させ，左上から粉体原料を供給し攪拌羽根の上に取り付けたスプレーノズルよりバインダを供給する。粉体原料とバインダは二段の攪拌羽根により瞬時に混合，混練される。

　図40は生産用の大型機で攪拌羽根周辺のフレキシブル・ウォールと呼ぶ食品製造向けネオプレン・ゴム製，内径250 mmϕの円筒で処理能力3,000 kg/hである。

　筆者は工場ではこの250 mmϕの設備を押出造粒前のバインダの分散混練に用いたが，実験室では160 mmϕの小型機で造粒の実験を行った。小型機でも1,000 kg/hの処理能力があり，バインダの添加量の加減で400〜600 μmの攪拌造粒品を試作した経験がある。

　攪拌羽根の周辺にゴム製のフレキシブル・ウォールを設置したのは，高速で回転する攪拌羽根によって湿潤原料が遠心力で周辺に押しやられた際，ステンレスのような剛体でこの円筒を造ると瞬時に原料が詰まり攪拌羽根が停止するためである。さらに外側にフレキシブル・ウォールをしごくローラー・ケージを配置した。攪拌羽根とフレキシブル・ウォールの距離は通常5 mmであるがローラーが通過したときだけ，その距離が2 mmになりフレキシブル・ウォールに付着した湿潤粉体を攪拌羽根が掻き取り機械設備が自己洗浄する仕組みになっている。

　図41のフロージェット・グラニュレーターは中央に250 mmϕの回転円盤を配置し，この円盤の4方向に長さ10 cm位の掻き取り羽根を円盤の面に直角方向にボルト・ナットで固定した構造である。この円盤の外側には，この円盤より10 mm大きな内径260 mmϕの円筒を配置した。円盤を1,200 rpmで回転させて上部から原料粉体とバインダをスプレーで加えると，粉体とバインダの混合物は，円盤上で遠心力により周辺に吹き飛ばされる。この吹き飛ばされた原料粉体とバインダの混合物は，円盤周辺4か所に取り付けられた掻き取り羽根の固定ボルトの頭でせん断され，粉とバインダが均一混合される。この粉体とバインダの混練された湿潤粉体は，遠心力で内径260 mmϕの円筒の内壁に叩き付けられる。そのままでは湿潤粉体の付着で回転円盤は停止するので，260 mmϕ円筒を空気圧で3 mmほどずらす揺動運動をさせる。このことで10 cmの掻き取り羽根と260 mmϕ円筒の内面の距離が2〜5 mmと変化する。このことによって円筒内壁に着いた湿潤粉体を掻き取り，運転が継続できる。この設備も筆者は実験した経験があり，Flexiomixと同様に連続的に攪拌造粒で500 μm程度の造粒品を300 kg/hで試作できた。

2　攪拌造粒機

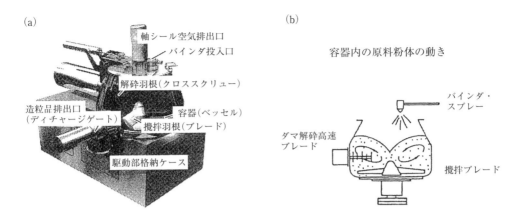

図 39　バーチカル・グラニュレーター型攪拌造粒機[2, 9]

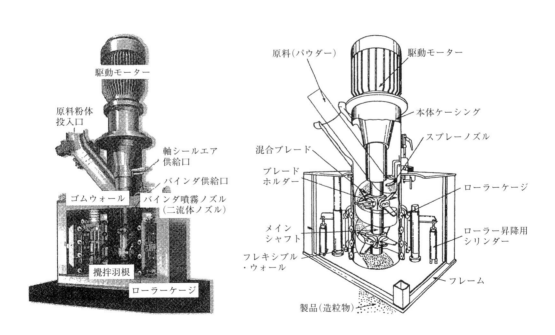

(a) シュギ社の Flexomix　　　　(b) Flexomix の構造図

図 40　連続式攪拌造粒機 Flexomix[9]

第 2 章　造粒機の特徴と運転管理

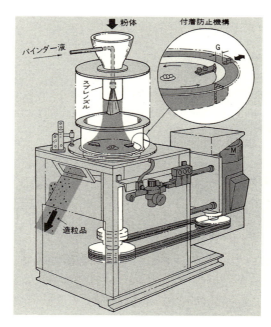

図 41　フロージェットグラニュレーター[5]

表 7　攪拌造粒機の分類

操作	回転軸	製品名	メーカーなど
回分式	垂直	ハイスピードミキサー	アーステクニカ
		バーチカルグラニュレーター	パウレック
		ファーママトリックス	奈良機械製作所
		ファーマミキサー	愛知電機
		レーディゲミキサー	マツボー
		グラル	不二パウダル
		スーパーミキサー	カワタ
		パワーニーダー	不二パウダル
		ヘンシェルミキサー	三井三池
		万能混合攪拌機	品川工業所
	水平	スパルタンリューザー	不二パウダル
		レーディゲミキサー	マツボー
回分式（減圧）	垂直	キューグラニュレーター	アーステクニカ
		スフェリックグラニュレーター	パウレック
		モーリッツ	住友重機
	水平	トポグラニュレーター	不二パウダル
		パトロニック	徳寿工作所
		VG コータ	菊水製作所
連続式	垂直	シュギーフレキソミックス	パウレック
	水平	ミクラシステム	パウレック

以上は筆者の使用経験のある回分式および連続式攪拌造粒機であるが，その他にいろいろなメーカーが攪拌造粒機を製造しており表7のようなものが市販されている。

2.2 攪拌造粒機の運転条件

図42は回分式攪拌造粒機でバインダ水の添加率と1 pass 収率，粉化率の関係を求めたものである。1 pass 収率とは1回の造粒，乾燥で例えば粒度300～1,400 μm の顆粒が原料の重量当たり何%得られたかを示す。図42ではグラフに1 pass 収率のピークが見られる。このピークのバインダ水添加率は図3のようにPL値の手前のCゾーンとほぼ一致する。顆粒強度を表す粉化率は図42のように1 pass 収率がピークの位置で最小となり，最適なバインダ水添加率では1 pass 収率が最大となると同時に顆粒強度は粉化率で表すと最小，すなわち強度は最大となることがわかる。

図43は仕込量2 kg/B と 11 kg/B での実験データである。図43から1 pass 収率がピークとなるのは原料の仕込量すなわち造粒機の容量に関係なく，ほぼ同じ添加水率（%）であることがわかる。

図44は連続攪拌造粒機（Flexomix）のデータであるが，回分式攪拌造粒機と同様に1 pass 収率が最大（ピーク）になる加水率が回分式と同様に存在することがわかる。原料の違いでピークの位置の加水率は異なるが，連続式攪拌造粒機でも回分式攪拌造粒機と同様の結果となることがわかった。また図45に添加水率と製品の粒子径 d_{50}（μm）の関係を示した。これは図44の実験で得たデータであるが，添加水率8.5%位から d_{50} が急激に大きくなっていることがわかる。この8.5%は図3のPL値の図のCゾーンの始まりの位置とほぼ一致する。

また図46は原料の粒度 d_{50} と顆粒収率（1 pass 収率）の関係を求めたものである。このデー

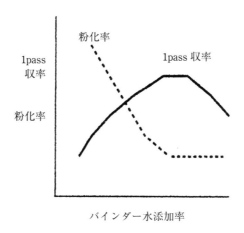

図42 攪拌造粒，バインダ水添加率と1 pass 収率，粉化率の関係
1 pass 収率 =（1回の造粒での製品量 / 原料の量）

第 2 章　造粒機の特徴と運転管理

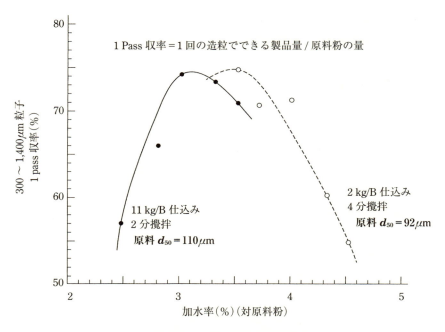

図 43　撹拌造粒の少量仕込み量での実験結果

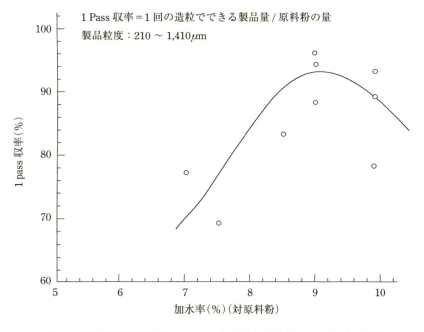

図 44　連続式撹拌造粒機（Flexomix）での加水率と 1 pass 収率の関係

2　攪拌造粒機

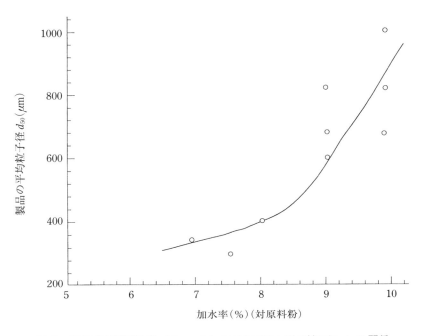

図45　連続式攪拌造粒機（Flexomix）での加水率と製品粒子径 d_{50} の関係

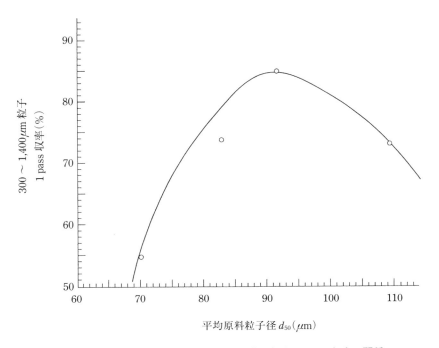

図46　回分式攪拌造粒機の原料粒度 d_{50}（μm）と1 pass収率の関係

第 2 章 造粒機の特徴と運転管理

タは回分式攪拌造粒機のデータである。d_{50} = 90 μm 近辺に 1 pass 収率のピークが見られる。

図 47 は攪拌造粒機の攪拌（混練）時間と製品顆粒の d_{50} の関係を求めたもので，バインダ量の多少の差はあるが混練時間が長い方が顆粒の d_{50} が大きく顆粒の成長が見られる。

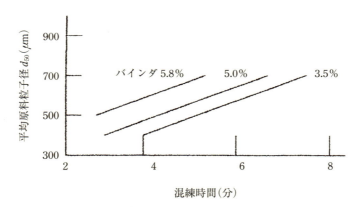

図 47　回分式攪拌造粒での攪拌時間と製品粒子径 d_{50}（μm）の関係

表 8　回分式攪拌造粒機のテストデータ[4]

装置	配合	バインダー	平均径（mm）	形状	生産能力	装置型式
ヘンシェルミキサー	炭カル＋PP	PP40％添加	3.0	球形	5 kg/B,4B/H	FM-20
	カーボンブラック	樹脂＋水 30％	0.5	球形	3 kg/B,2B/H	FM-20
	セラミックケーキ	水 30％	1.0	球形	30 kg/B,5B/H	FM-150J/I
	医薬品	溶液 33％	0.3	球形	50 kg/B,12B/H	FM-150J/I
	糊料	アクリル液 20％	1.0	球形	150 kg/B,5B/H	FM-500
シュギーミックス	インスタントスープ	水 9％	0.5	不定形		フレキソミックス
	農薬	水，糖蜜 19％	0.6	不定形		フレキソミックス
バーチカルグラニュレーター	乳糖＋粉糖	水＋HPC-L 7％	0.44	不定形	6 kg/B,3B/H	FM-VG-20
	乳糖＋粉糖	水＋HPC-L 7％	0.35	不定形	100 kg/B,3B/H	FM-VG-400
スパルタンリューザー	ファインセラミックス	PVA ワックス 1～1.5％	0.1	球形	30～50 kg/B,4B/H	RMO 35H N
	フェライト	PVA 1～1.5％	0.3	球形	70～80 kg/B,3B/H	RMO 100H N
	メタル	アクリル 1～2％	0.1～0.5	球形	10～20 kg/B,6B/H	RMO 15H N
ハイスピードミキサー	二リン酸 Ca 乳糖＋スターチ	ポテトペースト 5％	0.177	不定形	50 kg/B,5B/H	FS-GS100
	粉末石鹸	ポリエチレングリコール 7％	1.0	不定形	600 kg/B,4B/H	FS-GS1200J

2　攪拌造粒機

表8は攪拌造粒機のテストデータである。仕込み量は3～600 kg/Batchであるが，時間あたりの処理能力は原料により2～6 Batch/hで仕込み量に関係なく比較的短時間で造粒できていることがわかる。中には12 Batch/hと極めて短時間で造粒できているものもある。

攪拌造粒品の乾燥には造粒が回分式の場合，図48のような回分式流動層乾燥機が用いられ，連続式の場合は図49のような横型流動層乾燥機が用いられる。この横型流動層乾燥機の場合，造粒品の乾燥機内の滞留時間分布が広く，平均滞留時間の1/2で流出するものと平均滞留時間の2倍掛かって流出するものがあるので，設定は平均滞留時間の2倍が滞留できる流動層の容積とするのが一般的である。この横型流動層乾燥機は押出造粒品の乾燥にも良く使われる。

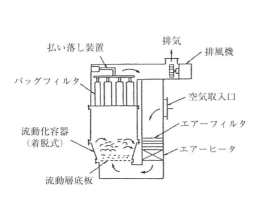

図48　回分式流動層乾燥機[2]

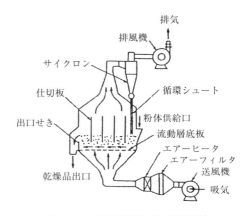

図49　連続式横型流動層乾燥機[2]

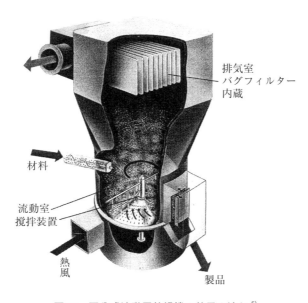

図50　回分式流動層乾燥機の熱風の流れ[5]

第2章 造粒機の特徴と運転管理

　回分式流動層乾燥機の場合，図50のように熱風が横から供給され垂直上向きに流されると，流動層の目皿板だけでは熱風が吹き込まれる先の方が風速が大きくなり手前の方が風速が遅くなる（図51）。その部分で流動不足を招き未乾燥の造粒品が目皿板に付着するトラブルを経験した。対策としては熱風が吹き込まれる先の目皿板の下に図52のような邪魔板を挿入して熱風の整流をした経験がある。この邪魔板の取付けは苦肉の策であるが回分式の流動層乾燥機においては熱風の整流が必要であると考える。

　また撹拌造粒における回分式流動層乾燥機で熱風の温度を上げると，乾燥時間が急激に短縮されることもわかった。撹拌造粒品 250 kg/B で水分を 7％から 2.5％まで乾燥させるのに図53のように 70℃で 20 分掛かるところ，90℃では 10 分，110℃では 5 分で乾燥できた経験がある。

　また熱風温度を 70℃のまま風速を 1.3 m/sec から 1.5 m/sec にしたところ，乾燥時間を 20 分から 16 分までに短縮できたが，品質に影響が出ない限り熱風の温度を高くした方が乾燥時間を大きく短縮できることがわかった。熱風の風速を早くする方法は流動層の安定化の点で限界がある。

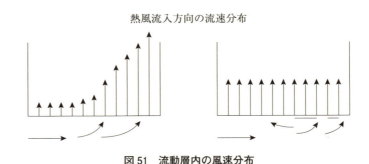

図51　流動層内の風速分布
（左）改善前，奥が風速が早い，手前が風速が遅い　（右）改善後，奥も手前も同じ風速

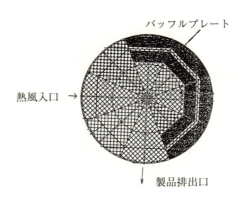

図52　流動層下への邪魔
（左が熱風の入る方向，右が流動層の奥）

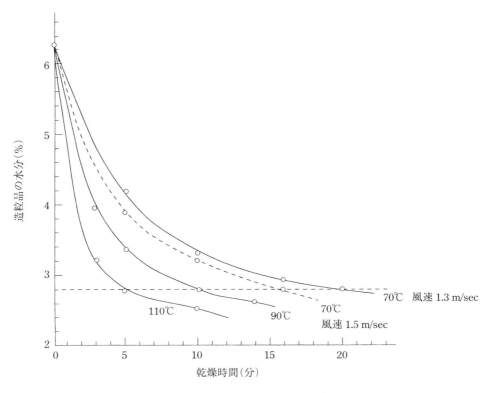

図53 熱風温度と乾燥時間の関係

2.3 攪拌造粒機のトラブル事例

2.3.1 円筒型攪拌造粒機の底面への原料付着トラブル

直径900 mmφ,高さ900 mm の円筒型攪拌造粒機で原料250 kg 仕込みにて連続的に10バッチ平均粒子径 d_{50} = 450 μm の造粒品を製造したところ,造粒機底面に原料の硬い付着が発生して攪拌羽根が回転しなくなった。底面を洗浄,殺菌しないと次の製造が行えなかった。

原因は底面に近い最下段の羽根と底面のクリアランスが 1 mm と狭すぎたためで,図54 のように 1 mm のクリアランスを 5 mm にすることで底面を洗浄することなく連続的に製造が可能となった。これは同じ製品を継続して製造する場合は通用するが,品種が切り替わる場合は洗浄が必要であることは容易に理解できる。

2.3.2 原料食塩の品種違いによる収率低下トラブル

円筒型攪拌造粒機(直径900 mmφ×高さ900 mm)に200 kg の原料を仕込み攪拌造粒品の製造を行った。300～1,400 μm の造粒品が前の日まで 1 pass 収率75％で製造できたものが,当日は 1 pass 収率が50％と大幅に低下した。

原因は本来の原料海水塩を使うところをオペレーターが原料を取り違えて岩塩を使用したためであった。海水塩が Mg = 100～600 ppm, Ca = 200～1,000 ppm, K = 1,000～2,000 ppm 含

第 2 章　造粒機の特徴と運転管理

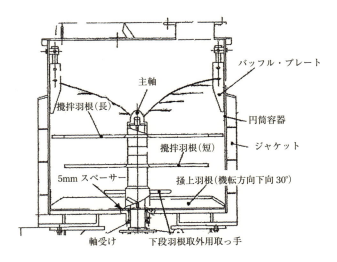

図 54　円筒型攪拌造粒機最下段の羽根と底面のクリアランスを 1 mm → 5 mm として底面の原料固結を防止した[4]

むが，岩塩はこれらのザルツを含まないため固まりやすい。同じバインダの量では 1,400 μm 以上の塊が多く，1 pass 収率が 75 → 50% と低下した。

原料の取り違えを起こさないように原料の置き場を変え，さらに原料置き場の壁の色を変えて原料搬入から使用までオペレーターが原料の取り違えを起こさぬように対策した。

2.4　硬化油脂による攪拌造粒の事例

湿式造粒法では造粒後に乾燥工程を伴いコストの視点では加工費が高くなる。東南アジアで販売する調味料のような安価な商品にはコスト負担が重い。

そこで考え出されたのが融点 40〜45℃のパーム油などの硬化油脂を加温して液状にし，対象粉体も加温して 45〜50℃として攪拌造粒のバインダの代わりに溶融した硬化油脂を添加して攪拌造粒後に流動層で冷却する方法である。顆粒状態を常温で維持するその方法を試したところ東南アジアで商品として流通が可能となった。

さらに良いことは湿式造粒，熱風乾燥で失われていた香辛料の香りなどが硬化油脂，攪拌造粒法では十分残るので，香り風味といった品質面でも好まれ市場が拡大した経験がある。

3　流動造粒機

3.1　流動造粒機の種類

流動造粒機には以下のような形式や種類がある。

　　　流動造粒機……回分式：①流動層型，②噴流層型，③噴流流動層型
　　　　　　　　　　連続式：①流動層型…Glatt 社「GFP」，大川原「スプリュード」

3 流動造粒機

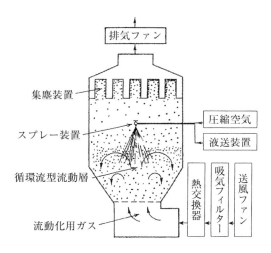

図 55 流動層造粒機の概要図[2]

②噴流流動層型…Glatt 社「AGT」
③流動層内蔵スプレードライヤー

造粒時の原料水分 9～22％ を製品水分 2～3％ までの仕上げ乾燥するものが多い。バッチ式ではバインダ添加を止め、仕上げ乾燥する。連続式では振動乾燥冷却機などで仕上げ乾燥する。

回分式の流動層型は図 55 が基本形で流動層の底面に対して上部は底面積の 2 倍、直径にして 1.41 倍の構造でバインダ噴霧ノズルは 1～6 本位である。図 55 のように流動層の真上に 1 本のバインダ噴霧ノズルがセットされるのは原料仕込量 10 kg 以下の実験室用のテスト機で、一般に生産用の 300 kg 仕込みでは流動層のサイドから原料粉体層の中に差し込む形でバインダ噴霧ノズルがセットされる。バインダ噴霧ノズルは二流体ノズルが使われており、絶えず空気を吹き出しているのでノズルが原料粉体層の中に差し込まれてもノズルが粉体で目詰まりすることはない。

図 56 に噴流層型、噴流流動層型などいろいろな装置容器の形を示したが、食品製造においては図 55 の基本形が多く図 56 の（b）の形以外はあまり見かけない。図 56 の（d）が噴流層であり同（c）が噴流流動層型である。

連続式でドイツ Glatt 社の GFP は図 57 のように横型連続流動層を応用したものであるが、横型連続流動層の場合は原料の滞留時間分布に大きなバラツキがあり、平均滞留時間の 1/2 で排出されるものと平均滞留時間の 2 倍要して排出される原料がある。粒度のバラツキや製品水分のバラツキが懸念され実際の生産現場でほとんど見かけない。

また連続式流動造粒機で Glatt 社の AGT は、図 58 に示したように縦型で流動層内において製品粒子が大きくなるにつれて底面に沈むので、その成長した粒子を底面中央から抜き出して後段に乾燥装置を設置すればスムーズな連続流動層造粒が期待できる。この装置は食品での応用に

第 2 章　造粒機の特徴と運転管理

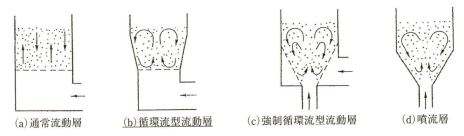

(a) 通常流動層　　(b) 循環流型流動層　　(c) 強制循環流型流動層　　(d) 噴流層

図 56　種々の流動層[2]

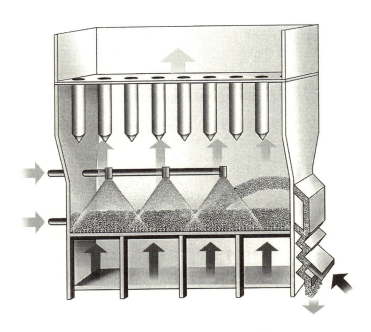

図 57　横型連続流動造粒機 GFP[9]

については筆者も見かけたことがないが，ヨーロッパで飼料の連続流動造粒機として流量 1,000 kg/h 規模の装置が順調に稼働しているとの情報を得たことがある。食品での利用の情報はない。

図 59 は大川原製作所のスプリュードと呼ばれる縦型攪拌流動造粒機である。流動層の中心を軸にしたレーキ型の攪拌機で流動を助長しながら流動させ，中央のバインダ噴霧ノズルからバインダを噴霧して造粒する。流動層の底面付近に滞留する造粒品をスクリューコンベアで抜き出し，途中で熱風を吹き込み乾燥させる仕組みである。湿潤状態で塊を造る原料には向かない。吸湿性や熱軟化性のない飼料などで使えるかも知れないが，食品への応用は難しいと考えられる。

図 60 は GEA，NIRO 社の流動層内蔵型スプレードライヤーである。スプレードライヤーであるが本体内に噴霧した 20 μm 位の液滴が，生乾きの状態（相対湿度 10～20％程度）の微粒子として本体内で旋回している間に粒子同士が衝突して集合粒となる。50 μm 以上になってから

3 流動造粒機

底面の流動層に沈降し,そこでさらに粒子同士が流動して衝突することで流動造粒されて150〜300 μmに成長した後,後段の振動流動乾燥冷却機に流され乾燥した造粒品になる。この装置で製造されている製品の代表例がコーヒーミルクである。

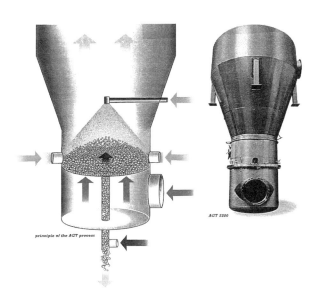

図58　縦型連続流動造粒機 AGT[9]

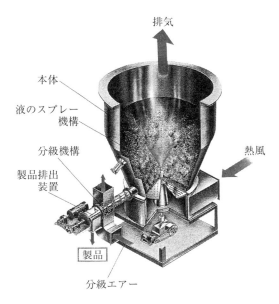

図59　縦型連続流動層造粒機（スプリュード）[5]

第 2 章　造粒機の特徴と運転管理

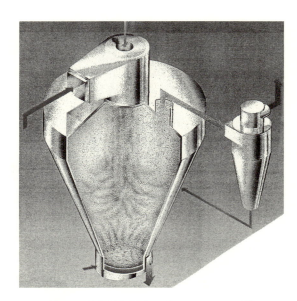

図 60　流動層内蔵型スプレードライヤー[10]

3.2　流動造粒機の適用例

　回分式流動層造粒の適応例を表 9 に示した。また表 10 に回分式流動層造粒機の実施例を示した。原料の仕込量が 1〜300 kg/Batch と幅広いが，処理能力（Batch/h）は 0.35〜6 Batch/h であり調味料など吸湿性の強いものは 300 kg/Batch で 2 時間近くを要している。これは吸湿性の強い原料はバインダの連続噴霧供給ができず，バインダの供給を一時停止して造粒途中の顆粒を乾燥する中間乾燥が必要なためと考えられる。

3.3　流動造粒機の運転条件
3.3.1　流動造粒機の基礎

　流動層造粒は気体（主として空気）で粉体を流動させて安定な流動状態を保ちながら，バインダを噴霧して造粒する方法である。流動層は乾燥機としても使われ，同じ方法でコーティングも行われる。この流動化法は 19 世紀初め頃に既に穀類や泥炭などの乾燥に利用されていた。この時代のものは今日の気流乾燥法（フラッシュ・ドライヤー）に近く厳密な意味では流動層ではなかった。一方，粉粒体を流体中に浮遊させて輸送することは 1818 年頃に試みられていた。また，その輸送媒体に空気を用いたのは 19 世紀半ばであった。

　化学工業ではこの流動層が種々の化学反応，吸収，吸着などに以前から利用されていた。しかし医薬分野での流動層の応用は新しく近年になってからである。これは GMP の要求を満たす方法として歓迎され発展した。

3.3.2　最小流動化速度と流動状態

　図 61（a）のような装置で下部より空気を吹き込んだときの，粒子層の上下に生ずる圧力損失

3 流動造粒機

表9 回分式流動層造粒の適応例[2]

	原料名	バインダー	粒度幅 (μm)	平均径 (μm)	材料の分類
医薬品	乳糖＋コーンスターチ	ゼラチン 4％溶液	50～500	240	親水性材料
	乳糖＋コーンスターチ	CMC 2％溶液	75～550	206	
	乳糖＋コーンスターチ	PVP 2％溶液	50～500	240	
	乳糖＋コーンスターチ	MC 溶液	50～500	160	
	馬鈴薯澱粉＋乳酸菌	CMC 1.5％水溶液	70～450	210	
	リン酸水素カルシウム＋馬鈴薯澱粉	HPC-SL エタノール＋水	160～400	250	
	澱粉＋ブドウ糖＋酵素	CMC 1.5％水溶液	250～500	370	吸湿性材料
	白糖＋抗生物質	MC 1％メタノール溶液	60～400	200	
	制酸剤（ノイシリン 90％）	PVP (k-90) 8％メタノール溶液	120～530	260	疎水性材料
	制酸剤	PVP (k-90) ＋MC 溶液	230～950	620	
	ケイ酸マグネシウム，馬鈴薯澱粉	PVP (k-90) 3％水溶液	250～1,400	660	
食品	スープ	馬鈴薯澱粉 2％水溶液	400～1,100	600	親水性材料
	全脂粉乳＋タンパク質	乳糖 30％水溶液	300～1,300	460	
	ココア	水	260～800	550	吸湿性材料
	ガーリック粉末	コーンスターチ 5％水溶液	260～1,100	490	
	粉末しょう油＋食塩＋グルソー	馬鈴薯澱粉	370～1,800	900	
工業品	重炭酸ナトリウム	CMC 2％水溶液	90～700	260	疎水性材料
	セラミック	MC 5％水溶液	80～380	200	
	飼料	CMC 2％水溶液	250～850	550	

Δp と風速 u との関係を図にすると図 61 (b) のようになる。

図 61 (a) は wire net と明示した充填物で整流された空気が，fluidized bed と示した部分の粉体の層を通過して cyclone に流れるように組み立てたモデル装置の絵である。Fluidized bed の底面と粉体層の上の圧力損失を manometer で測定して Δp で表すと図 61 (b) のようなグラフが描ける。風速の遅い A → B では空気は粉体層を通過するだけで粉体層は静止のまま動かないで圧力損失 Δp だけが増加する。この範囲はいわゆる，粉体の充填層である。点 C に達すると粉体層は空気流の抵抗に逆らえなくなり，空気を含んだまま容積が増加する。そのことで粉体層の空隙率が増し，抵抗が落ちて B → C → D のように Δp が変化する。B → C では粉体層は膨らむだけであるが，C → D のように粉体層が流動し始めることで圧力損失 Δp は少し低下し粉体層全体が流動し始める。

その流動状態は D → E まで風速が増しても同じ状態が続く。さらに風速を増すと粉体の一部が cyclone に噴出されはじめ，E → F のように流動層から空気輸送の状態で原料がサイクロンに排出される。その後に若干 Δp が増した後，大部分の粉体が cyclone に排出されて Δp は一気に低下する。

第2章　造粒機の特徴と運転管理

表10　回分式流動層造粒機の実施例[2)]

原料名	原料粒径 (μm)	結合剤	製品 平均粒径 (μm)	製品 見かけ密度 (g/cc)	処理能力 (kg/batch)	処理能力 (batch/h)	操作温度 給気 (℃)	操作温度 排気 (℃)	機種名
制酸剤	100以下	HPC-M	150	0.45	120	4	50～80	25～30	フローコーター FLO-120
ビタミン剤	〃	HPC-L	250	0.46	120	2	70	25～30	〃 FLO-120
乳酸菌製剤	〃	アミコール（α化澱粉）	250	0.45	120	1.5	50～70	25～30	〃 FLO-120
ドライシロップ	〃	HPC-L	500	0.52	120	0.6	60	30～35	〃 FLO-120
漢方薬	〃	エキス	400	0.46	90	0.4	60	30～35	〃 FLO-60
インスタント粉末ジュース	〃	グアガム	500	0.39	300	0.6	70	30～35	〃 FLO-300
調味料	50	澱粉	250	0.43	300	0.35	80	45～50	〃 FLO-300
スープ	100	α化澱粉	500	0.50	300	1	60	30～35	〃 FLO-300
粉糖	150	水	400	0.50	5.5	3	60	28～32	〃 FLO-5
ブドウ糖	〃	エコーガム	500	0.60	4	1	60	25～30	〃 FLO-5
ゼラチン	〃	ゼラチン	640	0.25	4	6	60	40～45	〃 FLO-5

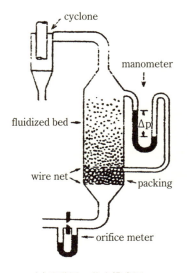
(a) 流動層の基本構成図

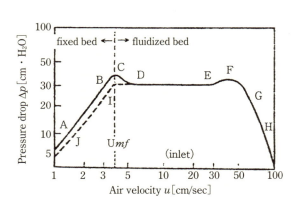
(b) 流動層の人工風速と圧力損失の関係

図61　流動層の解説図[2)]

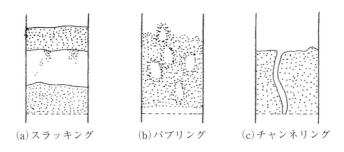

(a) スラッギング　　(b) バブリング　　(c) チャンネリング

図62　流動層の異常現象[2]

　点Dの状態から風速を下げると一端空気を巻き込んだ粉体層は空隙率を増すため抵抗が少なくなり，I→JのようにA→BよりはΔpが小さい状態で図中の点線のようなルートをたどってΔpがゼロに近づく。この現象を頭に入れて，実際の生産プラントでも風の量を加減すれば，安定していかにもお湯が沸いているような動きをする粉体層，すなわち安定した流動層を再現できる。

　流動層は粒のサイズによりスムーズに流動するときと，なかなかうまく流動しないときがある。図62に示したように（a）スラッギングと称して粉体層が2つに割れたり，（b）のように大きな空気の塊が上昇するバブリングと称する現象が起こる。また（c）のように風速を増しても粉体層は動かず，粉体層の一部にラットホールのような穴が開いて，そこから空気が逃げる（c）チャンネリングと称する現象が起こる。

　solid（粉体）とfluid（先の説明では空気）の比重差を図63の縦軸に，横軸は粉体平均粒子径を取る。図からも明らかなように，平均粒子径が細かいGroup Cは流動化が困難でチャンネリングを起こす。Group Dでは平均粒子径が粗いときはスラッギング現象と称する粉体層が二分される現象を引き起こす。平均粒子径が200〜1,000 μmの時は比較的スムーズな流動状態を

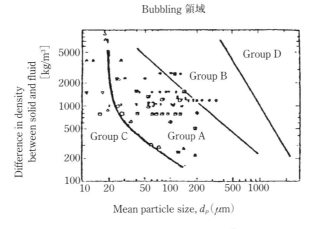

図63　流動層の異常現象の領域[2]

形成し，Group B の状態になるときにはバブリングと称する大きな空気の塊を流動層内に形成することもある。したがってスムーズな流動層を形成するのは 50～500 μm の Group A のゾーンである。しかし筆者の経験では，食品原料の場合，縦軸の比重差が 2,000 kg/m^3 が多く，Group A～B の 50～1,000 μm の範囲では比較的スムーズな流動層が形成されチャンネリングやスラッキングの経験は少ない。

3.3.3 Bubbling 領域

これは経験式のため厳密ではないが，近似的には次の式が使われる。空気流の状態はレイノルズ数

$$\mathrm{Re} = d_p \cdot u \cdot \rho_g / \mu_g$$

d_p：粉体の平均粒子径，u：風速，ρ_g：空気の密度，μ_g：空気の粘度

とすると Re < 20 では，

u_{mf}：最小流動化速度，ρ_s：粉体の真密度，g：重力の加速度，として

$$u_{mf} = d_p^2 (\rho_s - \rho_g) g / 1,650 \mu \tag{1}$$

20 < Re < 1000 では

$$u_{mf} = d_p (\rho_s - \rho_g) g / 24.5 \cdot \rho_g \tag{2}$$

となる。風速による流動化の状態は粒子密度と粒子径によって図 62 のような影響を受ける。Group A では空筒速度 u_g が u_{mf} と気泡を生成する最低速度 u_{mb} の中間で，膨張した比較的濃厚な相 Group B では $u_{mf} \leq u_{mb}$ で気泡により粒子の混合が良く行われる。Group C では粒子間に付着力が作用し，流動化が困難でチャンネリング領域となる。Group D では流動層が吹き飛ばされスラッキング領域となる。これにより，希望の流動化状態を得るには，固気系で粒子径に対応した密度差になるよう風速の調節が必要となる。流動層造粒は 1959 年に Wurster によって最初に流動層造粒が実施され，Scott らにより連続流動層造粒における物質収支，熱収支の理論的検討が行われた。

3.3.4 流動化速度の基礎

流動層が流動するためには，ある一定速度以上に風速を大きくする必要がある。これを最小流動化速度と呼ぶ。この最小流動化速度 U_{mf} は次のようにして求めることができる。1840 年頃の Poiseuille の人体血管中の流量と血圧の関係の研究や，1856 年の D'Arcy の砂層中の地下水の流れの研究をヒントにして，1927 年に Kozeny は充填層を単位時間当たり通過する流体の流量と圧力の関係を一般式として導いた。さらに Carman は Kozeny の関係式を充填層を形成する粒子径と関係づけた。これが良く知られている Kozeny-Carman の式で次のように表すことができ，単位容積当たりの粒子表面積の測定によく使われる。

$$u = \{\varepsilon^3/(1-\varepsilon)^2\} \{\Delta p \cdot g / \mu S_v^2 L k\} \tag{3}$$

u：流体の見掛け平均流速（m/sec），ε：充填層の空隙率，Δp：充填層の圧力損失（kg/m^2），

g：重力の加速度（m/sec^2），μ：流体の粘度（kg/m・sec），

S_v：空隙を除いた粒子だけの単位体積当たりの粒子の表面積（m^2/m^3），

L：充填層の厚み（m），k：Kozeny の定数で多くの場合 $k = 5$，

$k = 5$ として書き換えると

$$\Delta p \cdot g = 5 \cdot \{(1 - \varepsilon)^2 / \varepsilon^3\} u \mu L S_v^2 \tag{4}$$

となり，

$$S_v = 6 / \phi_c \cdot d_p \tag{5}$$

 d_p：粒子径（m），ϕ_c：Carman の形状係数（球は 1）

$$\Delta p = \{180/g_c\} \cdot \{L u \mu/(d_p \phi_c)^2\} \cdot \{(1 - \varepsilon)^2 / \varepsilon^3\} \tag{6}$$

一方，流動化が行われている範囲では粒子層の圧力損失は流速とは無関係に粒子の重量と釣り合っていると考えられるため

$$\Delta p = W / A = \{A L (1 - \mu)(\rho_s - \rho_g) / A\} \{g/g_c\} \tag{7}$$

 W：粒子の重量（kg），A：充填層の断面積（m³）

 ρ_s, ρ_g：粒子及び流体の密度（kg/m³），g_c：重力換算係数（kg・m/kg・sec²）

式（5）を式（4）に代入して u を u_{mf} とすると式（8）が得られる。

$$u_{mf} = \{(d_p \phi_c)^2 / 180\} \cdot \{(\rho_s - \rho_g) g / \mu\} \cdot \{\varepsilon_{mf}^3 / (1 - \varepsilon_{mf})\} \tag{8}$$

3. 3. 5 流動化速度の理論

 流動造粒では造粒の初期，原料の粒度が小さいので風速を加減しないと排気に同伴されて原料が集塵装置に飛散し，ロスの発生や分級による成分の偏りなど品質の問題や収率の低下を招く。これに対しては理論解析が可能で造粒の進行に合わせて風速を段階的に，かつ適切に上げることで最適な運転条件を設定できる。

 流動層の原料排出口に高さ H（m）の堰を設け，原料を流して定常状態の運転を行い，その後，原料の供給を止めてさらに流動を続けると，はじめのうちは原料の排出が続くが，やがて原料の排出が停止する。この時，流動を止めて測定した原料の静止層の高さを Z（m）とすると $H / Z = R$ を流動層の膨張率と言う。

 この R は，流動層上部の空間における風速（空塔速度）U_g（m/sec），原料層の最小流動化速度 U_{mf}（m/sec），粒子の終端速度 U_t（m/sec）における Reynold's 数 Ret との間には次のような関係がある。

$$(R - 1) / (U_g - U_{mf}) = 25/\text{Ret}^{0.44} \tag{9}$$

Stokes の式に従って計算される終端速度（Terminal Velocity）を U_t' とすると

$$U_t' = g \cdot d_p^2 (\rho_s - \rho_g) / 18 \mu_g$$

 d_p（m）：粒子径，ρ_s（kg/m³）：粒子の真密度，ρ_g（kg/m³）：風の密度，

 μ_g（kg/m・sec）：風の粘度

U_t と U_t' の間には次の関係がある。

$$\text{Ret}' = d_p \cdot U_t' \cdot \rho_g / \mu_g$$

として，

 $0 \leqq \text{Ret}' \leqq 5.76$ のとき $U_t = U_t'$

第 2 章　造粒機の特徴と運転管理

$5.76 \leq \text{Ret'} \leq 5{,}680$ のとき　　$U_t = U_t' (5.76/\text{Ret'})^{1/3}$

$5{,}680 \leq \text{Ret'}$ のとき　　$U_t = U_t' (54/\text{Ret'})^{1/2}$

実際の流動層では以下のように Stokes の流域より Allen の流域になることが多く，次のように計算する。

$$U_t = \{4(\rho_s - \rho_g)g(d_p / C_D) / 3\rho_g\}^{1/2} \tag{10}$$

$$\text{Ret} = d_p \cdot U_t \cdot \rho_g / \mu_g \tag{11}$$

1）Stokes 流域（$10^{-4} \leq \text{Ret} \leq 0.3$）

$$C_D = 24 / \text{Ret} \tag{12}$$

$$U_t = \rho_s \cdot g \cdot d_p^2 / 18 \mu_g \text{ (m/sec)} \tag{13}$$

2）Allen 流域（$0.4 \leq \text{Ret} \leq 500$）

$$C_D = 10 / (\text{Ret})^{1/2} \tag{14}$$

$$U_t = \{4(\rho_s - \rho_g)^2 g^2 / 225 \rho_g \cdot \mu_g\}^{1/3} \cdot d_p \text{(m/sec)} \tag{15}$$

3）Newton 流域（$500 \leq \text{Ret}$）　$C_D = 0.44$

$$U_t = \{0.33(\rho_s - \rho_g)g \cdot d_p / \mu_g\}1/2 \cdot d_p \text{(m/sec)} \tag{16}$$

最小流動化速度 u_{mf} は式（8）より

$$u_{mf} = (d_p \cdot \phi_s)^2 \cdot (\rho_s - \rho_g) \cdot g \cdot (\varepsilon_{mf}^3 / 180 \cdot \mu_g \cdot (1 - \varepsilon_{mf}) \tag{17}$$

ϕ_s：粒子の形状係数（－），ε_{mf}：流動化開始時の原料層の空隙率（－）

ϕ_s は粒子と同体積の球の表面積 / 粒子の表面積（Carman の形状係数ともいう），

球：$\phi_s = 1$，立方体：$\phi_s = 0.806$，円柱：$\phi_s = 0.877$，楕円体：$\phi_s = 0.88$，

四面体：$\phi_s = 0.671$，長さ / 直径 $= 10$ の円柱：$\phi_s = 0.58$，

直径 / 厚み $= 10$ の円板：$\phi_s = 0.472$

最小流動化速度 U_{mf}（m/sec）は，粒子の終端速度 U_t のおおよそ 0.03〜0.05 倍程度であるが式（15）の計算結果は実態とはあまり一致しない。一般の流動層は空塔速度 U_g として $U_g/U_t = 0.2$〜0.6 のことが多い。

3.3.6　流動層の風速の計算例

(1) 前提条件

① 粒子の真密度 $\rho_s = 1{,}500 \text{ kg/m}^3$

② 粒子径 $d_p = 100 \mu\text{m} = 10^{-4} \text{ m}$

③ 風の密度 $\rho_g = 1.09 \text{ kg/m}^3$（50℃）

④ 風の粘度 $\mu_g = 1.95 \times 10^{-5} \text{ kg/m} \cdot \text{sec}$（50℃）

⑤ 重力の加速度 $g = 9.8 \text{ m/sec}^2$

(2) 計算例

① 終端速度 U_t の計算

$C_D = 10$ と仮定して計算し流域を確認する。式（10）より，

$$U_t = \{4(\rho_s - \rho_g)g(d_p / C_D) / 3\rho_g\}^{1/2}$$

$\qquad = \{4(1,500 - 1.09) \times 9.8 \times (10^{-4}/10) / 3 \times 1.09\}^{1/2}$

$\qquad = 0.42$ m/sec

② レイノルズ数 Ret の計算と U_t の計算

$\qquad \mathrm{Ret} = d_p \cdot U_t \cdot \rho_g / \mu_g = 10^{-4} \times 0.42 \times 1.09 / 1.95 \times 10^{-5}$

$\qquad\quad = 2.35$

$0.4 \leqq \mathrm{Ret} \leqq 500$ だから Allen の流域（式（14））より，

$\qquad C_D = 10 / (\mathrm{Ret})^{1/2} = 10 / (2.35)^{1/2}$

$\qquad\quad = 6.52$

これは仮定の $C_D = 10$ に反するから改めて Allen の流域の式で U_t を計算する。式（15）より

$\qquad U_t = \{4(\rho_s - \rho_g)^2 g^2 / 225 \rho_g \cdot \mu_g\}^{1/3} \cdot d_p$

$\qquad\quad = \{4(1,500 - 1.09)^2 \times 9.8^2 / 225 \times 1.09 \times 1.95 \times 10^{-5}\}^{1/3} \times 10^{-4}$

$\qquad\quad = 0.57$ m/sec

$\qquad \mathrm{Ret} = d_p \cdot U_t \cdot \rho_g / \mu_g = 10^{-4} \times 0.57 \times 1.09 / 1.95 \times 10^{-5}$

$\qquad\quad = 3.18$

これは $0.4 \leqq \mathrm{Ret} \leqq 500$ を満たすから確かに Allen の流域である。よって求める U_t は，

$d_p = 100\ \mu\mathrm{m}$ のとき $U_t = 0.57$ m/sec，Ret $= 3.18$ で $0.4 \leqq \mathrm{Ret} \leqq 500$ を満たす

$\qquad = 60\ \mu\mathrm{m}$ のとき $U_t = 0.34$ m/sec，Ret $= 1.9$ で $0.4 \leqq \mathrm{Ret} \leqq 500$ を満たす

$\qquad = 200\ \mu\mathrm{m}$ のとき $U_t = 1.14$ m/sec，Ret $= 13.1$ で $0.4 \leqq \mathrm{Ret} \leqq 500$ を満たす

$\qquad = 1,000\ \mu\mathrm{m}$ のとき $U_t = 5.7$ m/sec，Ret $= 66.3$ で $0.4 \leqq \mathrm{Ret} \leqq 500$ を満たす

(3) 最小流動化速度 U_{mf} の計算

① 計算の前提条件

・粒子の形状係数は円筒形として $\phi_s = 0.877$

・流動化開始時の材料層の空隙率 $\varepsilon_{mf} = 0.5$

② U_{mf} の計算

式（17）より

$\qquad u_{mf} = (d_p \cdot \phi_s)^2 \cdot (\rho_s - \rho_g) \cdot g \cdot (\varepsilon_{mf}^3 / 180 \cdot \mu_g \cdot (1 - \varepsilon_{mf}))$

$\qquad\quad = (10^{-4} \times 0.877)^2 \times (1,500 - 1.09) \times 9.8 \times (0.5)^3 / 180 \times 1.95 \times 10^{-5} \times (1 - 0.5)$

$\qquad\quad = 8.05 \times 10^{-3}$ m/sec

よって同様に計算し，

$\quad d_p = 100\ \mu\mathrm{m}$ のとき，$U_{mf} = 8.05 \times 10^{-3}$ m/sec

$\qquad = 60\ \mu\mathrm{m}$ のとき，$U_{mf} = 2.90 \times 10^{-3}$ m/sec

$\qquad = 200\ \mu\mathrm{m}$ のとき，$U_{mf} = 32.20 \times 10^{-3}$ m/sec

$\qquad = 1,000\ \mu\mathrm{m}$ のとき，$U_{mf} = 805 \times 10^{-3}$ m/sec

以上の計算結果を基に原料の粒子径と U_t，U_{mf} と安定的な流動層を形成する $0.2\,U_t \sim 0.6\,U_t$ の関係を図示すると図 64 のようになる。$0.2\,U_t \sim 0.6\,U_t$ は実際の流動層の現象と良く一致するが，

第 2 章　造粒機の特徴と運転管理

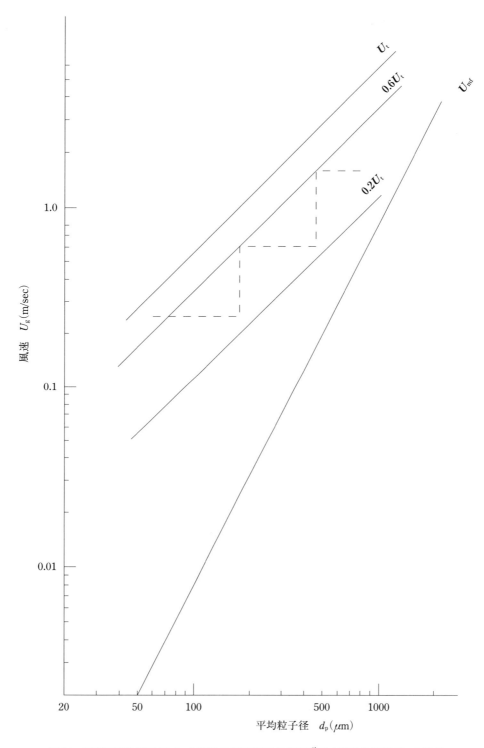

図 64　原料の平均粒子径 d_{50} と粒子の終端速度 U_t 及び [3]最小流動化速度 U_{mf} の関係

3 流動造粒機

U_{mf}は実際の流動層とはほど遠い値で実用的でないと考えられる。

したがって流動造粒においては原料を仕込んで流動状態を維持する風速を設定しても，造粒で粒子径が大きく成長するにつれて風速を段階的に2～3回増速しないと安定的な流動状態を維持できないことがよくわかる。

次に流動層内の原料水分が低い乾燥状態では，流動によって粒子同士が衝突しても原料粒子は成長せず造粒は進行しない。流動で粒子同士が衝突して造粒が進行するためには，原料粒子が結合できるくらい，原料粒子の水分が高くなくてはならない。そのためには流動層内の相対湿度を高くする必要がある。数少ないデータではあるが筆者の実験では比較的吸湿性の強い原料の場合，相対湿度3%RHでは造粒は進行しなかったが，バインダ水を多く供給し流動層内の相対湿度を10%RHにしたところ造粒がスムーズに進行した。それは図65で示したRのゾーンである。また流動層内の原料水分と造粒品の粒子径の関係は表11のように，流動層内の原料の水分が高いほど造粒品の粒子径が大きくなっており，造粒品の粒子を大きくするには流動層内の原料の水分を高くすると良いことがわかった。

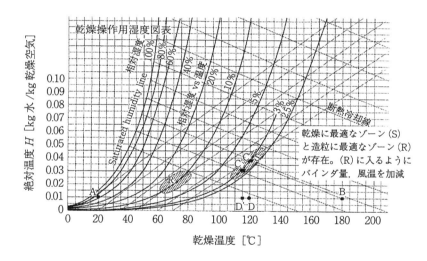

図65 造粒が進行する流動層内の相対湿度の例（10%RH付近：Rで表示）[4]

表11 流動層内の原料水分と造粒品の粒子径の関係 [2,4]

造粒中の層内水分 (%WB)	平均粒子径 (μm)	見かけ密度 (g/cc)	均一度 (D75/D25)
9～9.5	250	0.34	1.57
12～12.5	280	0.44	1.60
15～15.5	320	0.47	1.63
18～18.5	480	0.49	1.94
21～21.5	750	0.51	2.00

（注）噴霧液速度：150 g/min，噴霧空気圧：3 kg/cm²G，
熱風温度：70℃，ノズル高さ：480 mm，噴霧液量：3 kg/B

3.3.7 流動造粒機でのトラブル事例

原料の平均粒子径 100 μm の粉体を流動造粒して，平均粒子径 500 μm の造粒品を製造する工程で原料を 500 kg 仕込んだが，製品が 300 kg しか取れなかったので原因を調べてほしいとの依頼で現場診断を行った。流動層上部のバックフィルターが破損して原料 200 kg 分が排風とともに系外に噴出されたことを心配して工場屋外を調査したが，その形跡は見られなかった。そこで流動化風速のコントロールミスを疑いバックフィルターのパルス・エアーを数度作動させてみた。すると流動造粒機上部のバックフィルターから 200 kg 相当の原料が落下してきた。

図 64 で説明したように流動造粒機は造粒の進行に合わせて最初は原料が排気に同伴されないように風速を抑えて運転を行い，造粒が進行して顆粒が大きくなったら流動状態が低下するため，段階的に流動化風速を大きくする。この日のオペレーターはそのことを忘れ最初から風速 0.7 m/sec で運転したとのことであった。図 64 から明らかなように運転の初期に 100 μm 以下の細かい原料が風速で分級され，バックフィルターに 200 kg 近くが付着してそのまま運転が継続されたため，残りの 300 kg だけで造粒が行われたと考えられた。

4 複合型流動造粒機

複合型造粒機は流動層造粒，攪拌造粒，転動造粒などの各種造粒機構を一台の容器の中に収納し混合，混練，造粒，乾燥，コーティング，冷却などの複数の単位操作を単一機器で行い，これらの各種機能を利用して製品顆粒の形状，密度，粒子径，を自在に制御できる多機能複合型回分式の造粒，コーティング装置である。顆粒製品に対して要求される社会的ニーズは多岐にわたっており複合型造粒機の登場となった。単機能操作から複合機能操作にすることでマテリアルハンドリング，工場のスペース，要員の合理化，工程管理作業の簡略化，製品の汚染防止などの効果が認められている。

4.1 複合型流動層造粒機の原理，種類

複合型造粒機に使われる各種造粒方式の構造図を図 66 に示した。流動層造粒，攪拌造粒，転動造粒の造粒方式を組み合わせたものが多い。複合型造粒機は表 12 に示したように流動層を核にして攪拌＋流動層と組み合わせた攪拌流動層型，転動＋流動層の転動流動層型，攪拌＋転動＋流動層の攪拌転動流動層型に分けられる。

表 13 に攪拌，転動，流動層の各造粒操作と機能の比較を示した。この造粒法の開発のきっかけは，錠剤を製造する医薬などの業界で流動層造粒品は嵩密度が小さい反面，可塑性に富み，結合剤が粒子表面に分布するので，同量の結合剤を使った場合でも他の造粒法に比べて結合性が良く，成形した錠剤の硬度が高いことが良く知られていることであった。しかし流動層造粒品の弱点として嵩密度が小さすぎることがあり，この対策として打錠性が良い適度な嵩密度の顆粒製造のニーズから複合型造粒機が開発された。

4 複合型流動造粒機

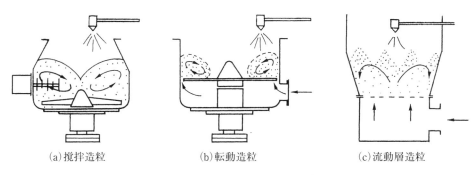

(a)撹拌造粒　　　(b)転動造粒　　　(c)流動層造粒

図66　各種造粒方式の構造図[2]

表12　複合型造粒型式の種類と造粒機構の組み合わせ[2]

	造粒方式	造粒機構の組合せ		
複合型造粒型式		撹拌造粒	転動造粒	流動層造粒
1	撹拌流動層型	○		○
2	転動流動層型		○	○
3	撹拌転動流動層型	○	○	○

表13　撹拌，転動，流動層の各造粒操作の機能の比較[2]

	方式	撹拌造粒	転動造粒	流動層造粒	複合型造粒
単位操作の可否	混合	◎	△	△	◎
	造粒	◎	◎	◎	◎
	乾燥	×△	×△	◎	◎
	コーティング	×	◎	×△	◎
	冷却	×△	×△	◎	◎
特性	粒径（m/m）	約0.1〜2.0	約0.1〜5.0	約0.1〜2.0	約0.05〜2.0
	形状	球形に近い凝集体	真球に近い	凝集体	真球〜凝集体まで任意
	かさ密度	重質	重質	軽質	重質〜軽質

◎：十分適応する，△：適応不十分，×：全く適応しない

　日本粉体工業技術協会造粒分科会（**筆者は当会のアドバイザー**）の造粒ハンドブックから引用させていただくと表14に撹拌流動層造粒機の例，表15に撹拌転動流動層造粒機の例が見られる。

　また表16に多機能型造粒装置の運転実施例を示した。表16の仕込み能力の欄を見ると1時間にbatchできる回数を示した列が1〜3 batch/hとなっており，流動層造粒機の0.5〜1 batch/hに比べて複合型流動造粒機が機能をたくさん持っている分，1時間あたりの処理能力が流動層造粒機のおおよそ，2倍となっていることがわかる。欠点としては機能が増えた分，装置価格が高いことが挙げられる。

第2章　造粒機の特徴と運転管理

表14　攪拌流動層造粒機[2]

1	複合型造粒型式	攪拌流動層型	攪拌流動層型
2	装置の名称	スーパーファインマトリックス	マルチプレックスグラニュレーター
3	メーカー名	㈱奈良機械製作所	㈱パウレック
4	構造図	(a)	(b)
5	要部の構造	1. 多数の通気弁を有する通気部を備えた固定流動板 2. 固定流動上部に独立して回転する攪拌羽根および解砕羽根 3. 流動板上部にスプレーガン 4. 流動板上部に高圧逆洗式円筒状のバグフィルター	1. 固定板の中央部に通気部を設けた流動板 2. 流動板の上部に円錘体を備えた攪拌羽根，および側面に設けた固定刃 3. 流動板の上部にスプレーガン，バグフィルター
6	仕込量　　　　　　　　(l)	6〜180　　6種	4〜600　　7種
7	空塔換算見かけ流速　　(m/s)	〜2.0	0.3〜1.0
8	流量板容器直径　　　(ϕmm)	312〜944	250〜1,150
9	流量板回転周速　　　　(m/s)	0	0
10	攪拌羽根回転周速　　　(m/s)	0〜12	3〜8
11	固気分離方式	バグフィルター	バグフィルター
12	流動床面積あたりのスプレーガン数　　　　　　　　　(個/m^2)	3〜4	3〜8
13	仕込容積あたりの攪拌転動動力　　　　　　　　　(kW/l)	0.16〜0.4	0.2〜0.4
14	主な適用分野	医薬品，食品，化学薬品，セラミックス	医薬品，食品，化学薬品，粉末冶金
15	装置の本体写真	(A)	(B)

4 複合型流動造粒機

表15 攪拌転動流動造粒機[2]

転動流動層型	攪拌転動流動層型	攪拌転動流動層型
スピラコーター	スパイラフロー	ニューマルメライザー
岡田精工㈱	フロイント産業㈱	不二パウダル㈱
(c)	(d)	(e)
1. 外周部分通気回転板 2. 回転板上部にスプレーガン 3. 回転板上部にサイクロン	1. 部分的に通気部を有する皿状回転板 2. 独立して回転する攪拌羽根および解砕羽根 3. 回転板の通気部と外周ユニットを独立する空気調整手段 4. 回転板上部および側面にスプレーガン 5. 回転板上部に高圧逆洗式の円筒状バグフィルター	1. 多数の通気環状スリットを備えた回転板 2. 回転板上部に攪拌羽根 3. 回転板上部および側面にスプレーガン 4. 回転板上部に高圧逆洗式の矩形状のバグフィルター
0.1〜120　　5種	1〜1,200　　9種	0.5〜1,000　　6種
〜0.6	〜2.0	〜1.5
150〜1,000	130〜1,300	125〜1,250
0〜10	0〜7	0〜10
なし	0〜10	0〜10
サイクロン	バグフィルター	バグフィルター
1〜6	10〜20	5〜10
0.2〜3.7	0.015〜0.038	0.025〜0.125
医薬，食品，化学工業，ファインセラミックス，ほか	医薬，食品，化学工業，ファインセラミックス，ほか	医薬，食品，ファインセラミックス，化学工業，ほか
(C)	(D)	(E)

第2章 造粒機の特徴と運転管理

表16 複合型流動造粒機の例[2]

No.	原料名	造粒目的	原料条件平均粒径(μm)	結合剤 種類	結合剤 割合(wt%)	製品 形状	製品 平均粒子径(μm)	製品 かさ密度(g/cc)	仕込能力 回分 (kg/batch)	仕込能力 回分 (batch/h)	機器 商品名	メーカー名
1	乳糖	圧密調整,流動性向上	60	HPC	10	顆粒	670	0.6	7	1	スーパーファインマトリックス	奈良機械製作所
2	コーンスターチ	流動性向上,移送性向上	70	CMC	5	顆粒	420	0.7	7	1		
3	金属粉	流動性向上	30	CMCなど	3	顆粒	500	1.2	7	1		
4	調味料	溶解性向上	50	PVCなど	2	顆粒	800	0.6	8	1		
5	粉糖	流動性向上	70	H_2O ROH	1:1	顆粒	800	0.6	7	1		
6	農薬	保全	50	HPC	10	顆粒	1,500	0.5	7	1		
7	乳糖,アビセル,コーンスターチ	医薬細粒剤	74	HPC-L	5		220	0.7	5		マルチプレックスグラニューレーター	㈱パウレック
8	〃	顆粒剤	74	HPC-L	5	球形	490	0.7	5			
9	〃	細粒剤	74	HPC-L	5		140	0.42	5			
10	乳糖,コーンスターチ	顆粒剤	74	砂糖水	50	球形	500	0.75	4			
11	漢方薬	打錠用顆粒	70	HPC	3		500		5	2〜3	スピラコーター	岡田精工
12	染料			10	PVA	2	600		2	3		
13	乳糖,コーンスターチ	細粒	74	TC-5	5		400		1	1〜2		
14	セラミック粉	流動性向上	74	PVA	2.5		700		5	2		
15	乳糖	細粒剤	100	HPC	4		400		2.5	2〜3		
16	無水ケイ酸+マンニット	偏析防止,圧密調整,流動性向上		水		不定形	300	0.68	10	1.8	スパイラフロー	フロイント産業
17	ホウレン草種子	機能付与		セピレット	16.7	球形			189	1.6		
18	レモンティー	圧密調整,流動性向上,溶解性向上	100	水		不定形	500	0.62	250	0.6		
19	調味料	〃	100	デンプン	2.5	不定形	500	0.6	500	0.8		
20	医薬品	偏析防止,圧密調整,流動性向上	100	HPC-L		不定形	300	0.6	450	0.7		
21	セラミック粉	圧密調整,流動性向上	5	PVA	5	不定形	500	0.9	0.3	2	ニューマルメライザー	不二パウダル
22	アビセル	機能付与	100	水		球形	500	0.8	10	0.5		
23	フェライト	圧密調整,流動性向上	5	PVA	0.8	不定形	200	1.6	100	1.2		
24	医薬品	圧密調整,流動性向上,機能付与	100	HPC-L	0.5	球形	320	0.65	100	0.5		
25	粉乳	圧密調整,流動性向上,溶解性向上	100	水		不定形	400	0.3	120	2.0		

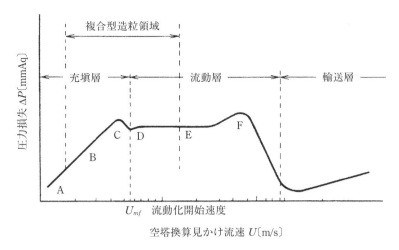

図67 複合型造粒機の流動化風速[2]

　図67は複合型流動層の流動化速度と層上下の圧力損失の関係を示した。流動状態を維持する意味からD〜Fの流動層に対し複合型では機能が多くなった分，普通の流動層では流動しないA〜Cの充填層の流動化風速の低いゾーンでも運転が可能である。造粒終了後の乾燥においてはB〜Dの充填層の領域では乾燥能率が悪いので，D〜Eの流動層と重なる領域の流動化速度で乾燥を行う。

5　転動造粒機

5.1　転動造粒機の種類

　転動造粒機の形式としては以下のようなものがある。

　　転動造粒機…ドラム形造粒機：①単一ドラム型，②セキ板付ドラム型，③円錐ドラム型
　　　　　　　　　　　　　　　　④多段円錐ドラム型，⑤二重ドラム型
　　　　　　　傾斜皿形造粒機：①単一円錐型，②段付皿型，③二重皿型，④円錐皿型
　　　　　　　造粒・乾燥一体型：①グラニュレックス

　米国TVAの肥料造粒機（回転ドラム造粒機）は直径＝6〜12 ft，長さ＝12〜24 ft，などがドラム大きさの目安である。処理能力1 t/hに対して，ドラム内面積：12〜15 ft^2，往復運動するスクレーパー付きドラム回転数は臨界速度の30〜40％などである。

　製品粒径は食品で0.3〜0.7 mm，飼料で2〜3 mm，肥料で15〜20 mm程度である。

　食品では球形で比較的しっかりした粒になり，溶解性も流動層造粒に劣らないが原料のリサイクルが多いので風味を重んじる物には適さない。

　この転動造粒機は図68のようなタイプがあり，前述のTVAの肥料の造粒機は円筒形である。一般的に図68の中では（A）のdrum type，（B）のdisc type，（C）のPan typeが多い。中

第 2 章　造粒機の特徴と運転管理

でも（C）の Pan type は食品の「金平糖」の製造に使われている。その他の食品や医薬などは（A）の drum type か（B）の disc type が多い。転動造粒機の能力は希望する製品の粒度を仮に 300～1,400 μm とすると，希望する粒度に納まるのは 50% 弱で，50% 以上が原料を再度，造粒工程に戻すリサイクルが必要になる。

　したがって必要生産量が 800 kg/h の場合，必要設備能力は 2 倍以上の 1,600 kg/h が必要になる。また（D）の攪拌機の付いたドラム型造粒機は 100 年以上前から米国で肥料の造粒に使われている。

5.2　転動造粒機の運転条件に関する理論

　転動造粒機については文献の情報も少なく技術的な解析が進んでいない。数少ない情報の中から拾い出すと以下のようなものがあり，筆者の経験と照らし合わせて実態と良く一致するものを中心に紹介する。図 68 の（A）Cone drum type について以下のような式が紹介されている。

(1) 臨界回転数 N_c（rpm）= $42.3/D^{0.5}$　　D：ドラム内径（m）
　　　　　　　N_c（rpm）= $76.5/D^{0.5}$　　D：ドラム径（ft）

(2) 実用回転数 $N = (0.3～0.6) N_c$

　この回転数については筆者の経験値と良く一致するので実用に適していると考えられる。ドラムを回転させると原料がドラムの回転に沿って傾斜面を形成する。この原料の傾斜面に直角にバインダを噴霧すると造粒が上手く進行するので，ノズルをこの面に直角にセットすると良い。

(3) 噴霧ノズルはフルコーンとホロコーンの 2 つのタイプがあるがフルコーンが多い。ドラムの大きさによるが噴霧されたバインダが重ならないように 3～5 本セットすると良い。

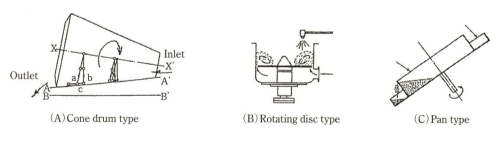

(A) Cone drum type　　(B) Rotating disc type　　(C) Pan type

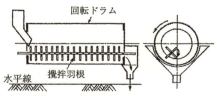

(D) TVA の肥料造粒機（回転ドラム造粒機）

図 68　転動造粒機のタイプ[2)]

(4) バインダの温度は高い方が粒の成長は早いが，データの数が少なく確たる裏付けにできるデータはない。
(5) ドラムの内径 D とドラムの長さ L の関係は，L/D = 2～5 のものが多い。
(6) ドラムの傾斜角は前向きに 0～5° と言われているが筆者の経験ではこの範囲では大きな差は見られなかった。
(7) 保有率（原料粉体容量 / ドラム容量）：5～10%
　　これは筆者の経験とほぼ一致している。
(8) 原料のドラム内滞留時間：2～10 分
　　これは原料の容積流量と保有率で決まる。筆者はあまり意識したことはない。
(9) $Q_p / Q_c = (D_p / D_c) \times 2.5 \times (L_p / L_c)$
　　Q：原料の流量（m³/H），L：ドラムの長さ（m），D：ドラム内径（m）
　　p：pilot，c：commercial

造粒機のスケールアップはスケールアップの前後で顆粒の大きさ，形状，溶解性，顆粒強度，嵩密度等の品質が同じでないと意味がない。しかしそれを満たすことはかなり難しく，実験で検証しながら進める以外に手がない。筆者の経験ではスケールアップの大きさは元のサイズのせいぜい 10 倍が限度である。装置のサイズや所要動力のような装置そのもののスケールアップは数多く文献などに紹介されているように，さほど難しくない。製造される製品の品質をスケールアップの前後で一致させることが大変難しい。

先に紹介した式（9）を用いて例題で検証してみる。

回転ドラム（内径 D = 1 m，長さ L = 3 m，回転数 N = 15 rpm）の原料流量 1.5 m³/h の pilot 機でのデータは保有率 ζ = 8%，原料の傾斜角 β（図 69）= 48°，原料粉体降下時の摩擦係数 μ = 0.8，を基に 20 m³/h へのスケールアップの計算は先に紹介した式を用いて，

$Q_p/Q_c = (D_p / D_c) \times 2.5 \times (L_p / L_c)$

より L_c = 6 m とすると，

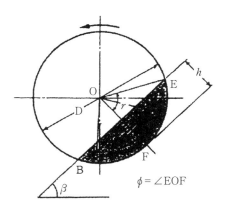

図 69　ドラム断面における原料粉体の形 [2)]

第 2 章　造粒機の特徴と運転管理

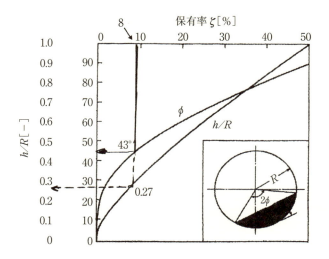

図 70　保有率 ζ と粉体層の中心角 ϕ 及び粉体層の深さ h の関係[2]

$1.5 / 20 = (1 / D_c) \times 2.5 \times (3/6)$

∴ $D_c = 2.14$ m

よって $D_c = 2.2$ m とすると，$L_c / D_c = 6 / 2.2 = 2.73$，$L / D = 2〜5$ の範囲で適度であるドラムの回転数は，

臨界回転数 $N_c = 42.3 / D^{0.5} = 42.3 / 2.2^{0.5} = 28.5$

実用回転数 $N = (0.3〜0.6) N_c = (0.3〜0.6) \times 28.5 = 8.6〜17.1$

よって適性回転数以内だから 20 m³/h の大型機の回転数は $N = 10$ rpm でよい。

ドラム内の粉体層の平均断面における保有率 $\zeta = 8\%$，図 69 より粉体層の中心角は，$\phi = 43°$，および図 70 より

$h / R = 2h / D = 0.27$

$D = 2.2$ m より，$h = 0.3$ m

これらは筆者の経験値に近いがデータが少ないので確信は持てない。興味ある読者諸氏に検証していただければ幸いである。

5.3　転動造粒機の運転条件の実例

　転動造粒機のうち代表的なドラムタイプについて説明すると，図 72 のようにドラムの回転により原料のスムーズな傾斜面を造るのが造粒を効率よく行うために良いと文献で紹介されているが，筆者の経験でもそれは確認できた。また図 71 のように水平面 BB' に対して AA' のように前下がりにすると原料の流れが速すぎて粒が十分成長しないので，BB' と AA' が平行になる。XX' 軸は前上がりの方がドラム内に粒が良く滞留し粒の成長が促進される。バインダ噴霧のノズルは，液滴が円盤状に原料に到達するフルコーンとドーナツ状に到達するホロコーンがあるが，

5　転動造粒機

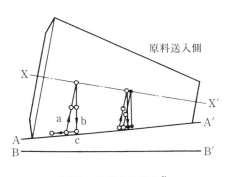

図71　ドラムの傾き[2]

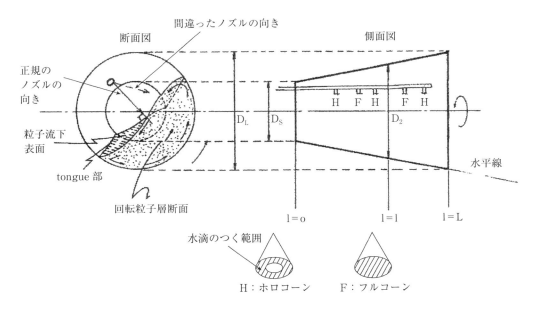

図72　バインダ・ノズルの取り付け方[2]

バインダの着地点の液の重なりを少なくするため図72のようにホロコーンとフルコーンを交互に取り付けた。しかし，やはりバインダの着地点の重なりは避けられないので，全部フルコーンにして少し間隔を取りバインダの着地点が完全に重ならない方が良いと考える。

　転動造粒機の製品収率，例えば原料100％に対して希望する粒度を300～1,400 μm とすると，造粒品は40～50％ほどの収率が良いところである。運転条件の最適化で65％位までは実験的に実現できたが，生産運転においては50％（収率50％）が最高レベルであった。図72のように傾斜する原料粉面に対し，バインダ噴霧ノズルは噴霧の中心が直角になるように設置する。これを誤り，10°角度がずれて50％の収率が40％に低下した経験がある。

第2章　造粒機の特徴と運転管理

6　圧縮造粒機／打錠機

6.1　圧縮造粒機の種類

　この造粒法はいわゆる，錠剤を製造する打錠機と金属のスクラップの成型等に使われるブリケッティング・マシンに加え，食品や医薬，肥料等広く使われているコンパクティング・マシンがある。食品では最近は見かけないがコーヒーや紅茶に入れる角砂糖，コンソメキューブ等は

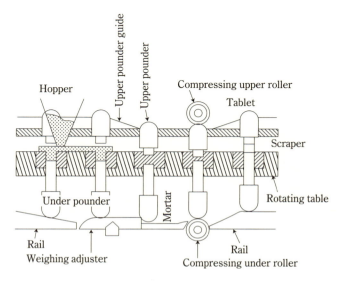

図73　打錠機[2]

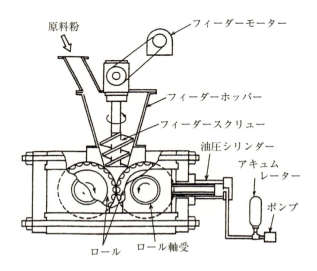

図74　ブリケッティングマシン[2]

6　圧縮造粒機／打錠機

キューブ状に打錠された商品であった。最近では角砂糖はほとんど見かけない。チョコレートやサプリメントもあるが錠剤はサプリメントが主な例のようだ。

　この圧縮成形機を整理すると以下のようになる。

　　圧縮造粒機…打錠形造粒機：①単発型，②一点圧縮ロータリ型，③多点圧縮ロータリ型，
　　　　　　　　　　　　　　④多段圧縮ロータリ型，⑤傾斜ロールロータリ型，⑥有核打錠型，⑦多層打錠型
　　ブリケット形造粒機：①ブリケッティング・マシン
　　コンパクティング・マシン：①ローラー・コンパクター

　これらを図で説明すると図73が打錠機で図74がブリケッティング・マシン，図75がブリケッティング・マシンのローラーである。また図76はローラー・コンパクターの構成図とオシレータ型解砕整粒機である。図77は板状成形物とそれを解砕整粒した造粒物である。

図75　ブリケッティングマシンのローラー[2)]

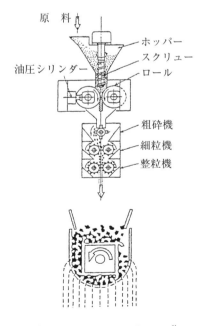

図76　ローラーコンパクター[2)]

第 2 章　造粒機の特徴と運転管理

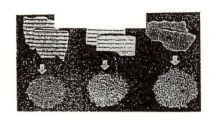

図 77　ローラーコンパクターの造粒品[2]

6.1.1　ブリケッティング・マシンとローラー・コンパクター

　ローラーコンパクターによる圧縮造粒品は，押出造粒品に比べ溶解性が悪く粉化率が高い。すなわち顆粒が崩れやすく微粉ができやすい。

【ブリケッティング・コンパクティングの例】

　表17にブリケッティング／コンパクティングマシンの成形圧力の例を示した。

　食品ではブリケッティングの例は見られない。またコンパクティングの例も文献的にはあまり

表17　ブリケッティング / コンパクティングの成形圧力の例[2]

造粒方法	品名	成形圧 (t/cm²)	造粒方法	品名	成形圧 (t/cm²)
圧縮力のみによるブリケッティング	生石灰	3.0〜4.0	高温ブリケッティング	石灰	1.0〜2.5
	軽焼ドロマイト	1.5〜3.0		金属切削屑（ダライコ）	3.0〜4.0
	水酸化マグネシウム	1.0〜4.5		還元鉄	2.0〜4.0
	消石灰	1.0〜2.0		鉄鉱石	3.0〜4.0
	無水マレイン酸	0.3〜0.8		亜鉛，鉛鉱石	3.0〜4.0
	複合肥料	0.5〜1.5	コンパクティング	複合肥料	0.5〜3.5
	セッコウ	0.5〜2.0		塩安	〃
	ソーダ灰	1.0〜2.5		塩化カリ	〃
	セカイソーダ	2.0〜3.5		尿素	〃
	還元鉄	1.0〜2.5		硫安	〃
	煙灰	3.0〜4.0		高度さらし粉	0.5〜2.0
	焼却灰	0.5〜1.5		フェノール樹脂	1.5〜2.5
	金属切削屑	1.5〜3.0		尿素樹脂	
	銅粉	1.5〜2.0		澱粉	
バインダーを加えるブリケッティング	石炭	0.2〜0.5		農薬	
	活性炭	0.02〜0.5		医薬品	
	フェロアロイ	0.2〜0.5		調味料	
	銅精鉱	0.3〜0.5		煙灰	
	クローム鉱石	0.5〜1.5		集じんダスト	
	リン鉱石	0.5〜1.5		食品	
	蛍石	0.3〜0.5			
	還元鉄	1.5〜2.5			

見られない。筆者の調味料の例では成形圧は 0.3～0.5 t/cm^2 であった。MgSO$_4$・7H$_2$O のように結晶水を持つ粉体は圧縮時の発熱で 50℃ 位で結晶水を放出するため，原料粉体がローラーにこびり付き造粒できない。また原料粉体だけで圧縮造粒できないときは，DE = 10 位のデキストリンを 1% 程度加えるとスムーズに圧縮造粒できることがある。

6.2 打錠機
6.2.1 錠剤の製造

医薬の錠剤には用法と薬剤の吸収部位によって内服用錠剤，口腔用錠剤，非経口用錠剤，外用錠剤の 4 種類に分類されるが，健康食品のサプリメントではほとんど内服用錠剤である。

この錠剤は粉粒体を打錠機で圧縮成形して製造されるが，この成形に用いる粉粒体は次のような条件を満たすことが要求される。

① 適度な流動性があり打錠機の臼への充填が容易であること
② 圧縮時，杵面に付着せず，また圧縮後，臼から容易に放出できること
③ 圧縮時に塑性変形が生じやすく，得られた錠剤が適度な機械的強度を有すること
④ 得られた錠剤が希望する崩壊・溶出性を有すること

しかし一般に主原料単独ではこれらの条件を満たすことができないので，主原料に賦形剤 diluents，結合剤 binders，崩壊剤 disintegrators，滑沢剤 luburicants のうち適当な添加剤 additives を加えて打錠する。

錠剤の製造工程は大きく 2 つに分けられる。すなわち圧縮成形する粉末または顆粒を製造する工程と，粉末または顆粒を圧縮成形する工程に分けられる。前者は製粒工程，後者は打錠工程と呼ばれる。

医薬品では普通，直径 5～11 mm，重量 40～550 mg 程度のものが多い。錠剤の直径と重量の一般的関係は表 18 に示した。

医薬品では錠剤にする意義として次のようなものが考えられる。

① 服用が容易で 1 回の服用量が正確である
② 取り扱い保存が容易である

表18 錠剤径と重量の一般的関係[2]

錠剤径（mm）	錠剤重量（mg）
5	40～60
6	80～110
7	100～150
8	150～220
9	220～280
10	300～360
11	450～550

第 2 章　造粒機の特徴と運転管理

③　コーティングにより苦味のマスキングや腸溶性，胃溶性，徐放性など特別な性質が付加できる

錠剤は先に説明した用法による分類のほか，製法によって糖衣錠，フィルム錠，有核錠，多層錠などに分けられる。サプリメントでも，この医薬品の特徴が生かせると考えられる。

錠剤製造工程は1606年 Jean De Renou が錠剤という言葉を初めて使って以来，1894年医薬用の錠剤が欧米諸国で市販されはじめた。1912年に手動エキセントリック型錠剤機がアメリカから日本に輸入されている。

1943年に日本で自動ロータリー型打錠機が製作された。今日ではロータリー式打錠機の高速回転ダブルステーション打錠で50万錠／hの打錠機が登場している。

錠剤の製造工程は，打錠用の中間製品である原料粉粒体を顆粒化してから打錠する顆粒打錠法と，顆粒化せずに直接，原料粉体を打錠する直接打錠法がある。最近では臼へ粉粒体をスムーズに供給する装置が開発され，ほとんどが直接打錠法で打錠されるようになった。

直接打錠法は主原料に賦形剤（乳糖など），結合剤，崩壊剤などを混合し，必要により滑沢剤を添加し，これを直接，打錠機で圧縮成形して錠剤を製造する。

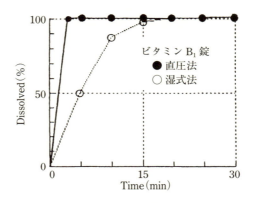

図78　湿式造粒で顆粒化した湿式法と直接打錠した直圧法の錠剤の溶解性[2]

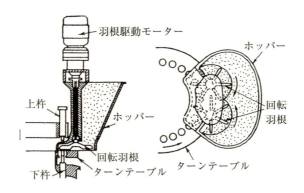

図79　アジティング・フィーダー[2]

6 圧縮造粒機／打錠機

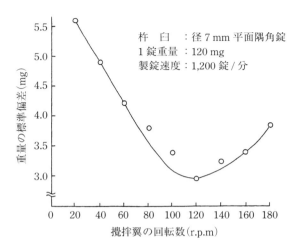

図80 アジティング・フィーダーの適性回転数による錠剤重量のバラツキの削減例[2]

この直接打錠法で打錠された錠剤は，図78のように同一組成でも顆粒打錠法の錠剤に比べて良好な溶出性が得られる。さらに湿式造粒で顆粒化する際の乾燥による熱変性の心配もなく，顆粒化の工程が省略されコスト面でも有利である。しかし原料粉体の混合物が臼へ供給される際の，有効成分の偏析が心配された。偏析の防止と原料粉体の流動性助長のため，図79のようなアジティング・フィーダーと呼ばれる攪拌羽根を有する密閉型の粉末原料強制充填装置が開発され，原料の顆粒化の必要性がなくなった。この装置を使用することで図80のように錠剤重量のバラツキも少なくできるようになった。

6.2.2 錠剤製造における諸問題
(1) キャッピング

キャッピング（capping）は成形された錠剤を臼から放出する過程において，錠剤が図81(a)のように錠剤上面エッジ部に沿って破断面が形成され，この破断面から上側が帽子状に剥離する現象をいう。この原因としては以下の4点が挙げられる。

① 圧縮時，粉粒体中に含まれていた空気が逃げ場を失い，これが錠剤の特定部に移動し不連続構造を形成して錠剤放出時の破断面となる。
② 圧縮終了後の抜圧過程において，垂直応力と臼壁面応力との合力により剪断応力が生じ，

図81 錠剤の不具合の例[2]

第2章　造粒機の特徴と運転管理

これによって錠剤に破断面が生じる。

③ 完全に圧力を抜き去ったとき，錠剤は臼壁面残留応力により締め付けられた状態となる。このとき，錠剤は軸方向の歪を回復しようとするが，臼壁面に近いほど臼壁面残留応力による摩擦で歪回復が抑制される。そのため，錠剤中に応力集中面が生じ（図82），この応力が錠剤硬度を超えるとき破断面が生じる。

④ 錠剤を抜き取るため下杵による押し上げ力を作用させた場合，この衝撃が応力集中面に集中して破断面を形成する。

これらを防止するには第一に破壊力を上回る錠剤強度を確保することであり，結合剤など錠剤組成を検討する。

次に打錠時の圧縮時間の延長を狙い，図83のように2段圧縮や3段圧縮を行う。2段圧縮で1段目の圧縮を抑えることで，キャッピングが減らせることがわかる（図84）。

さらに加圧放出機構を行って，錠剤成形後に主圧縮力を完全に抜いてしまうとキャッピングの原因である応力集中面が形成されてしまう。そのため図85のように主圧縮力を完全に抜かず，応力集中面の形成を抑えるだけの圧縮力を錠剤に付与しながら，錠剤を臼より放出方向に移動す

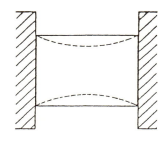

図82　臼内の錠剤の応力集中面[2)]
錠剤の中央ほど応力が集中

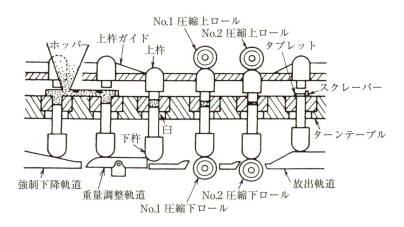

図83　2段圧縮打錠機の作動展開図[2)]

6 圧縮造粒機／打錠機

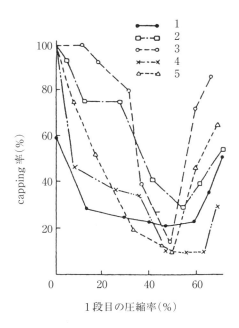

図84 2段圧縮打錠機の1段目の圧縮率と錠剤のcapping率の関係[2]

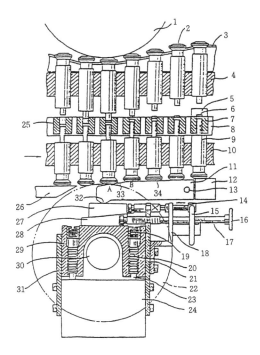

図85 打錠機の錠剤加圧放出機構[2]

第2章　造粒機の特徴と運転管理

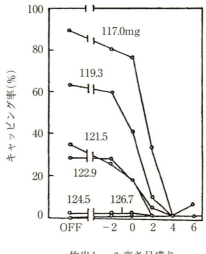

図86　打錠機の加圧放出レールの高さとキャッピング率[2]

る機構がある。図85の11のように傾斜した放出レールで徐々に錠剤を押し上げる。このようにすると図86のようにキャッピング率が大幅に低下する。

(2) ラミネーション

ラミネーション（lamination）は図81（b）のように錠剤中央部より分離する現象を指し，キャッピングと明確に区別される。この主な原因は粉粒体中の空気が圧縮時に逃げ場を失うことであり，非圧縮粉粒体が液状物質を含有して脱気効率が低下している場合や，圧縮速度が異常に大きく脱気が追従できないときなどに認められる。ラミネーションの対策はキャッピングの対策と本質的に同一である。

(3) バインディング

バインディング（binding）は錠剤の側面の一部や全側面が臼に付着する現象である。錠剤側面に図81（c）のようにひっかき傷ができる。原料粉体を乾燥するか，滑沢剤を適度に添加することによって解決できる場合がある。また，臼の面がすり減ったり荒れていることが原因になる場合もある。

(4) スティッキング

スティッキング（sticking）は，圧縮成形時の錠剤表面と杵の付着力が錠剤内部の結合力より大きい場合，錠剤表面の一部が杵の表面に付着して一部えぐり取られたようになる現象をいう。この対策としては，滑沢剤の増量や粉粒体の粒度調節，圧縮圧力の増加，杵面への窒化クロムコートなど杵先の処理，粉粒体水分の減少などが良いといわれている。

7 噴霧乾燥造粒機

7.1 噴霧乾燥造粒機の種類

噴霧乾燥造粒機は，流動層内蔵型スプレードライヤーによって液体原料から直接顆粒を製造する方法であり，最近ではコーヒーミルクなどの製造に採用されている。

噴霧乾燥も粒は大きくないが，液体から直接粉粒体が製造できるので造粒機の一種と考えられる。噴霧方式で回転円盤（ディスクタイプ），加圧ノズル（ノズルタイプ）と二流体ノズルに分けられる。

回転円盤は図87のように，図88，図89のようなディスクを10,000～30,000 rpmで高速回転させて原料液を微粒化し，液体原料から一気に粒子を製造する方式で，50 μm前後のやや細かめの粒子になる。回転数を小さくしたり原料液の濃度を濃くする方法で少し荒目の粒子を造れるが，液滴が大きくなると液滴の粒度分布が広くなったり大きな液滴が未乾燥のまま塔側壁に衝突して壁面に付着するトラブルを引き起こすため，あまり大きな粒は得られにくい。

一方，図90の加圧ノズルは10 m以上の高い塔の上から噴霧するので，液滴の飛行距離が比較的長く60～80 μmの粗めの粒子が得られる。図91は加圧ノズルの噴霧の様子である。

加圧ノズルは，上部から10～200 kg/cm^{2}のような高圧で原料液を供給すると，ノズル先端の回転室で斜め下向きの溝を通過するときに，液が旋回して先端ノズルの孔から噴出される液が微

図87 回転円盤で噴霧している様子[2]

図88 ベーン型ディスク[2, 11]

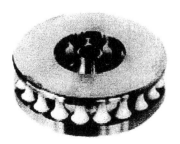

図89 M型ディスク[11, 12]

第2章 造粒機の特徴と運転管理

図90 加圧ノズルの構造[2,11]

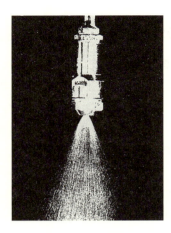

図91 加圧ノズルの噴霧の様子[2]

粒化する仕組みである。このノズルは食塩など硬い粒子を含む原料液では、その結晶によりノズルの孔が超硬合金（タングステン・カーバイド等）でも、7,000時間／年の使用で削られ穴が大きくなるので、おおよそ1年に1回は更新が必要である。

図92に原理図で説明する二流体ノズルは、空気で原料液を微粒化させるが液滴径が細かくなり過ぎてせいぜい20～30 μm の微粒子にしかできない。そのため二流体ノズルの製品をそのまま出荷することは難しい。

噴霧乾燥で製造した粉体をそのまま製品として出荷できるのは、加圧ノズルの60～80 μm の粒子か二流体ノズルを用いた流動層内蔵型スプレードライヤー製品150～300 μm の粒子と考えられる。図93に流動層内蔵型スプレードライヤーの構造図を示した。また図94には二流体ノズルで噴霧乾燥した微粒子の写真と、それを流動層内蔵型スプレードライヤーで乾燥した粗粒を示した。

二流体ノズルで噴霧された20 μm の液滴を、比較的吸湿性の強い原料の場合、相対湿度10%RH前後の比較的高湿度の状態の乾燥熱風中で旋回させると、未乾燥の微粒子同士が衝突して造粒が進行する。乾燥室内の相対湿度を3%RH程度にすると、20 μm の食品の液滴はほとんど完全に乾燥するため、微粒子同士が衝突しても造粒は進行しない。乾燥室内の相対湿度を10%RH前後にすることが、流動層内蔵型スプレードライヤーで造粒を進行させるポイントである。

したがって噴霧乾燥法で造粒と認められるのは次の2つと考えられる。

噴霧乾燥造粒機　①流動層内蔵型 Spray Dryer
　　　　　　　　②ノズル型 Spray Dryer

7　噴霧乾燥造粒機

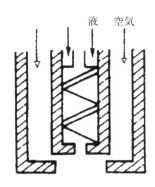

図92　二流体ノズルの原理図[2, 11]

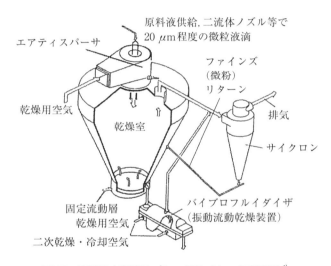

図93　流動層内蔵型スプレードライヤーの原理図[4]

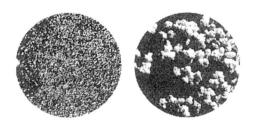

図94　左：二流体ノズルの乾燥粉体[4]，右：流動層内蔵型スプレードライヤーの製品[4]

第2章　造粒機の特徴と運転管理

7.2　噴霧乾燥造粒機の運転条件
7.2.1　噴霧乾燥機における製品水分のコントロール

　噴霧乾燥において乾燥製品の水分が高すぎると，製品保管中に製品が固まる問題がある。それを防ぐために運転条件のコントロールが必要である。筆者の永年の経験によると，乾燥製品の水分は比較的吸湿性の強い原料では噴霧乾燥機から排出される排風の湿度が2.5〜3％RHになるように給液量を加減した場合，保管中に製品が固まる事故が防げた。

　図95に示した湿度図表を指標にして管理できる。ここで注意したいのは日本では大気の湿度が冬季は0.005 kg水/kgの乾燥空気であるが，春秋季には0.01 kg水/kg乾燥空気となり，さらに夏季には0.02 kg水/kgの乾燥空気と変化する。熱損失ゼロの理想状態でも季節により排気の湿度を3％RHにするよう排気の温度を変えることが必要である。

　さらに実際には熱損失があるため，図96のように左上がりに上昇する断熱冷却線に沿わない。蒸発水量245 kg/hのB1-1の例のように，理想状態の排気の絶対湿度と給気の湿度の差（図95の点Cと点Dの差＝C－D）に対し，図96ではC′－D′＝(0.7〜0.8)×(C－D)となり，熱損失により乾燥以外に熱が奪われて排気の温度が下がる。

　蒸発水量1.8 kg/hのような小型のテスト機ではさらに熱損失の影響を大きく受けるため，

$$C'' - D'' = (0.4 \sim 0.5) \times (C - D)$$

となる。図96の例では排気の湿度の終点は2.5％RHであるが先にも述べたように，この湿度が2.5〜3％RHになるように給液量を加減すれば乾燥製品が水分過多になることはない。筆者は

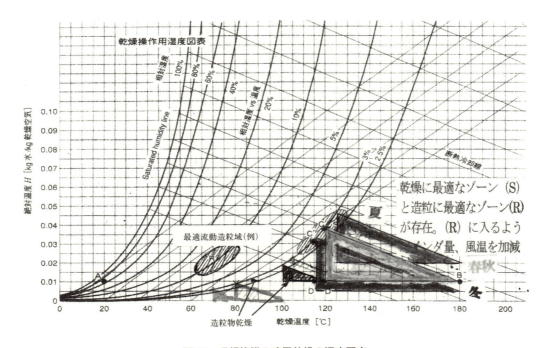

図95　理想状態の噴霧乾燥の湿度図表

7 噴霧乾燥造粒機

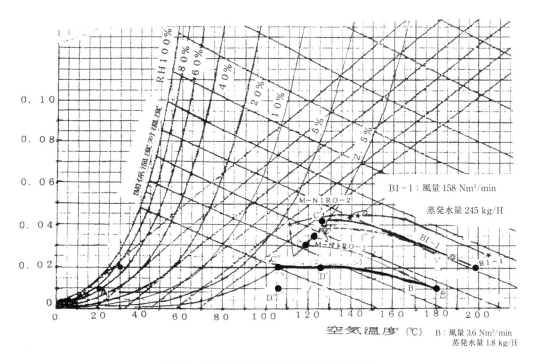

図 96　噴霧乾燥機の実験例にみる湿度図表

経験がないが文献情報では粉乳の場合この 2.5～3%RH が 9～10%RH のようである。

7.2.2　噴霧乾燥における製品粒子径コントロール

先にも紹介したように二流体ノズルを用いた流動層内蔵型スプレードライヤーでは，図 95 の最適流動造粒域（例）のように排気の湿度を 10%RH と高めにコントロールすることで，乾燥塔内の湿った粒子同士を衝突させて造粒する。そのため，150～300 μm のような大きめの粒子が得られる。もちろん，造粒の後に振動流動層乾燥機などで仕上げ乾燥して粒子同士が付着して固まらないようにすることは必要である。

また二流体ノズルでは製品が 20 μm のように細かくなり過ぎるので，多くの場合は回転円盤（ディスク）か加圧ノズルで 50～80 μm の乾燥粉体を造る。そこで回転円盤と加圧ノズルについて，その運転条件により製品の粒子径がコントロールできることを紹介する。

回転円盤については筆者自身のデータを紹介できるほど数多く実験していないため，ここでは元 NIRO 副社長の K.Masters 氏の著書 Spray Drying Handbook に記載されている情報を元に，筆者の少ない経験も交えて紹介する。

図 97 のように円盤の回転数が大きいほど製品の粒子径は小さくなり，給液量が多いほど製品の粒子径は大きくなる。食品の場合は筆者の経験上，噴霧された液滴径に対して乾燥製品の粒子径はおおよそ 70% のサイズになる。SAUTER はフランス語で「飛び出す」のような意味があることから，SAUTER MEAN DROPLET SIZE は噴霧液滴の平均粒子径と考えれば良い。筆者は

第2章　造粒機の特徴と運転管理

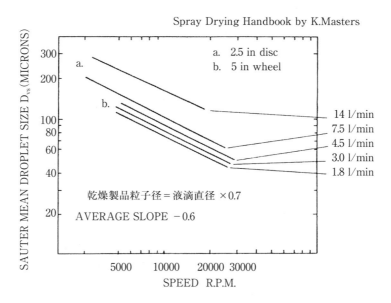

図97　回転円盤の回転数と液滴径の関係[13]

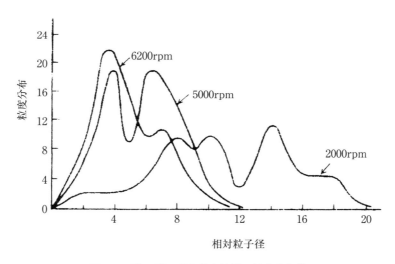

図98　回転円盤の回転数と液滴の粒度分布[2]

円盤の回転数が大きい方が製品の粒子径が小さくなることは確認しているが，給液量が多い方が液滴径が大きくなることはイメージではわかるが，実験では確認していない。

一方，図98のように回転円盤の回転数が6,200 rpmより低いときは，液滴の相対粒子径のバラツキが大きくなり製品の粒度もバラツキが大きくなり，製品価値を落とす心配がある。筆者の経験でも，円盤の回転数は8,000 rpm以上が望ましいと考えられる。

7　噴霧乾燥造粒機

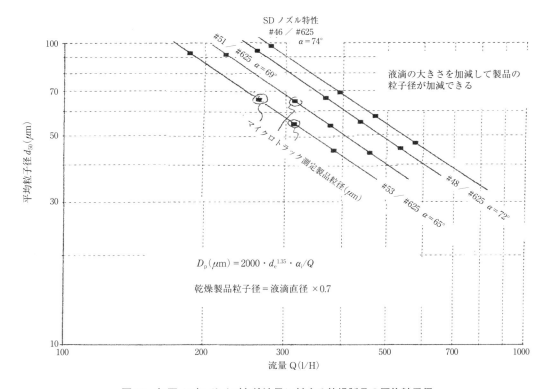

図99　加圧ノズルサイズと給液量に対する乾燥製品の平均粒子径

　次に加圧ノズルであるが，このノズルは先にも説明したように60〜80 μmと比較的粗めの製品が得られることから乾燥粉体を造粒することがなく，そのまま製品として出荷したいため，製品の粒子径コントロールの研究は数多く行った。

　この研究の先人としてはTurnerや石岡らが良く知られているが，いずれも噴霧乾燥のノズルではなくディーゼルエンジンの燃料噴射ノズルについてである。しかし，その研究結果が噴霧乾燥のノズルにも応用できそうなので試してみた。

　Turnerや石岡らは，

　　d_e：オリフィスの孔径（mm），F：給液量（g/sec），σ：給液の表面張力（dyne/cm），

　　μ：給液の粘度（cp），α_i：加圧ノズルの渦巻室入口面積（mm^2），Q：給液量（L/H）

として液滴径 D_p（μm）を次元解析により次の式を求めた。

$$D_p\,(\mu m) = 16.56 \cdot d_e^{1.52} \cdot F^{-0.44} \cdot \sigma^{0.7} \cdot \mu^{0.16} \tag{18}$$

$$D_p\,(\mu m) = 98.4 \cdot d_e^{1.35} \cdot \alpha_i^{1.0} \cdot Q^{-1.0} \cdot \sigma^{0.62} \cdot \mu^{0.26} \tag{19}$$

　筆者は（19）の式に着目し，同じ給液では表面張力 σ と給液の粘度 μ は同じなので省略して次の式を仮定した。

$$D_\mathrm{p}\ (\mu\mathrm{m}) = K_0 \cdot d_\mathrm{e}^{a} \cdot \alpha_\mathrm{i}^{b} \cdot Q^{-c}$$

またD_pは液滴径ではなく，レーザー光線を用いた粒子径の測定装置（マイクロトラック）で測定した乾燥製品の粒子径を代入した。その結果次の式を得ることができた。

$$D_\mathrm{p}\ (\mu\mathrm{m}) = 2000 \cdot d_\mathrm{e}^{1.35} \cdot \alpha_\mathrm{i}^{1} \cdot Q^{-1} = 2000 \cdot d_\mathrm{e}^{1.35} \cdot \alpha_\mathrm{i} / Q$$

実験したSpraying Systems社のノズルに上の式を当てはめてまとめたものが図99である。

図99では#53 / #625のノズルで得た結果の粒子径を変えずに給液量をアップする例として，260 L/Hから310 L/Hにするために必要なノズル#51 / #625を予測するのに用い，想定通り給液量を増しても製品の粒子径を同じにすることができた。

また製品の粒子径が給液量310 L/Hのとき，#53 / #625のノズルで製品の粒子径が55 μmである場合，同じ給液量310 L/Hでノズルを#51 / #625にすることで製品粒子径を65 μmと大きくできる。ここで#51や#53はノズルのオリフィスの口径を表す番号で，#625は渦巻く室に流入する溝の本数が6本のコア（渦を造るための挿入部品）を表す。詳細はSpraying Systems社のカタログで詳しく解説されているので参照してほしい。

8　解砕造粒機

8.1　解砕造粒機の種類

解砕造粒機は，通常はコンパクティング・マシンの解砕を意味するが，最近では真空乾燥機や真空凍結乾燥機の乾燥物を解砕して粒状物を製造する解砕造粒法が採用されている。

解砕造粒機…乾燥機：①真空乾燥機（回分式，CVD）
　　　　　　　　　　②凍結真空乾燥機（回分式，連続式）
　　　　　　　　　　③圧縮造粒機

8.2　真空乾燥の原理

図100に連続式真空乾燥機CVDの例を示した。図100を見ると，左上から原料液が分散ノズルを通して図の3段のベルト（生産機は5段が多い）の上に分散される。ベルトの下にはヒーターが設置されており，左から蒸気加熱ゾーン，熱水加熱ゾーン，冷却ゾーンになっている。乾燥の初期は水分が多く蒸発潜熱で熱が奪われるため，原料の品温が40℃程度であまり上がらないので，蒸気を使い高温で加熱して乾燥のスピードを上げることができる。次の熱水加熱ゾーンでは蒸気加熱より加熱温度を下げ，原料の水分が減少し品温があまり上がりすぎないようにコントロールしている。最後に冷水で冷却し，品温を30℃程度にする。乾燥物は右下のようにポーラスな塊となって排出され，排出口の解砕ユニットで解砕して希望の粒度の製品にする。図101のように大気圧の1 atmから減圧すると，0.01 atmの場合は10℃以下の温度で乾燥速度が急激

8 解砕造粒機

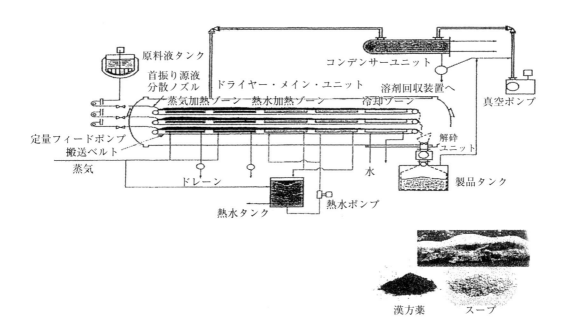

図 100 連続式真空乾燥機（CVD）と漢方薬，スープの乾燥品例[14]

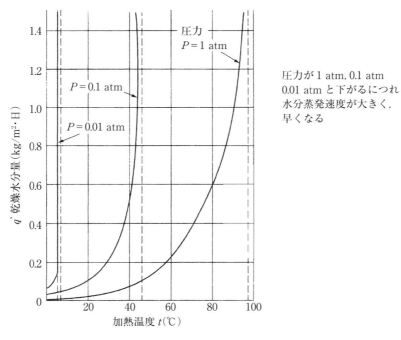

圧力が 1 atm, 0.1 atm 0.01 atm と下がるにつれ水分蒸発速度が大きく，早くなる

図 101 真空下で低温で乾燥が進行する原理図[15]

第 2 章　造粒機の特徴と運転管理

に上がることが理解できる。通常，数 Torr の高真空で操作され液体原料が乾燥顆粒になるまでの時間はおおよそ 30 分程度である。

8.3　真空凍結乾燥の原理

この真空凍結乾燥は，図 102 のような真空乾燥機内で数時間保持し，3 Torr のような高真空下で 40℃ で加温すると，図 103 の上の真空凍結乾燥の原理図のように 4.6 Torr 以下の真空下では固相（氷）からいきなり気相（水蒸気）になる昇華現象によって乾燥が進行する。図 103 の下の図のように，原料液の凍結層は，まず表面から水分が昇華で抜けるため，この乾燥した層の内部に閉じ込められた凍結層からの昇華水分は，乾燥済みの層の抵抗を受けながら水分が抜ける。この層が厚いと乾燥時間が長くなる。乾燥物の厚さが 10 mm 程度で 15〜20 時間掛かるので，2〜3 mm の粒状でも 6 時間程度はかかると考えられる。

図 102　凍結した粒状のコーヒーをトレーに入れて真空乾燥機内で昇華で水分を除去する [10]

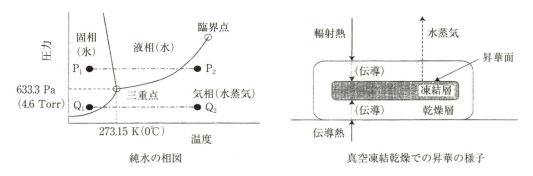

図 103　真空凍結乾燥の原理図 [15]

9 コーティング技術

コーティング技術は造粒技術の中でも粒そのものを造るのではなく，粒の性質を変える意味から粒造りの技術の1つと考えられる。医薬，健康食品，製菓の分野で応用されている。

このコーティングの種類としては，

① プロテクティブ・コーティング
② 胃溶性コーティング
③ 腸溶性コーティング
④ 徐放性コーティング

の4つに分類できる。またコーティングの目的を考えると

(1) 臭いを隠す，口の中での溶解を防ぎ苦味を隠す（マスキング）
(2) 吸湿や光を遮り薬剤，機能成分を安定化する
(3) 摩損を防止する
(4) 着色で外観をきれいに見せ，商品の見かけを良くする

以上はプロテクティブ・コーティングである。

(5) pHの違いで溶解度が変わる皮膜をコーティングして，消化管部位で薬剤や機能成分（健康食品ではビビズス菌など）の溶出を加減し，有効に吸収されるようにする（胃溶性コーティング，腸溶性コーティング）
(6) 適度な溶解性を持たせた皮膜をコーティングして，長時間薬効が働くようにする（徐放性コーティング）

食品のサプリメントでも苦味のマスキングなど医薬品と同様な機能が要求される。粒状のチョコレートや「かわり玉」など着色で美味しそうに見せることが要求される。

表19にフィルム・コーティング，胃溶性コーティング，徐放性コーティングのフィルム原料の例を示した。

9.1 粒子コーティング装置の種類
9.1.1 容器回転型コーティング装置

錠剤のコーティングは，1960年以前はシュガーコーティングが多かった。優れた高分子コーティング剤の開発と剤形の小型化の要望から，フィルム・コーティングが取って代わった。腸溶性薬剤，徐放性薬剤のほか苦味，色，臭いをマスキングするための水溶性フィルムコーティングが多く用いられ，食品でも応用されるようになった。

錠剤や1 mm以上の粒径の粒子にコーティングする場合は，傾斜型パンが用いられていた。有機溶剤に比べ水は蒸発しにくいので，生産効率を上げるため乾燥速度を上げる必要がある。現在ではほとんどが図104の従来型パン・コーティング装置に代わり，乾燥速度の速い図105に示した通気式回転円筒型コーティング装置が用いられている。食品でも粒状チョコレートの製造

表19 フィルム・コーティング原料[2]

分類	名称	特性	メーカー
フィルムコーティング	1　EC　エチルセルロース	水に不溶，アルコールに可溶	日新化成
	2　HPC　ヒドロキシプロピルセルロース	水，アルコールに可溶	信越化学
	3　HPMC　ヒドロキシプロピルメチルセルロース	水に可溶，60℃以上の温水に不溶	信越化学
	4　HPMCAS　ヒドロキシプロピルメチルセルロースアセテートサクシネート	水に不溶，アルカリ水に可溶	信越化学
	5　精製セラック	水に不溶，アルコールに可溶，防湿剤	日本セラック
	6　白色セラック	セラックを漂白	日本セラック
	7　デキストリン	熱水に溶けやすい，水に難溶	日澱化学
	8　アルギン酸ナトリウム	水に可溶，有機溶媒に不溶	鴨川化学
	9　硬化油	水に殆ど不溶，アルコールに可溶	日本油脂
	10　ステアリン酸	水に殆ど不溶，アルコールに可溶	日本油脂
	11　ステアリン酸マグネシウム	水に殆ど不溶，アルコールに殆ど可溶　滑沢剤	純正化学
	12　酸化チタン　TiO_2	水に不溶，隠ぺい剤	石原産業
	13　タルク	コーティング助剤	中国タルク
胃溶性コーティング	1　HPMCP　ヒドロキシプロピルメチルセルロースフタレート	水に不溶，アルカリ水に可溶	信越化学
	2　CMES　カルボキシメチルエチルセルロース	水に不溶，アルカリ水に可溶	フロイント
	3　CAP　酢酸フタル酸セルロース	水に不溶，アルカリ水に可溶	和光純薬
	4　精製セラック	水に不溶，アルコールに可溶	日本セラック
	5　白色セラック	セラックを漂白	日本セラック
	6　タルク	コーティング助剤	中国タルク
徐放性コーティング	1　EC　エチルセルロース	水に不溶，アルコールに可溶	日新化成
	2　HPMCAS　ヒドロキシプロピルメチルセルロースアセテートサクシネート	水に不溶，アルカリ水に可溶	信越化学
	3　グリセリンモノステアレート	水に不溶，トリクレンに可溶	理研ビタミン
	4　パラフィン	水に不溶，トリクレンに可溶	日本精蠟
	5　HPMC　ヒドロキシプロピルメチルセルロース	水に可溶，60℃以上の温水に不溶	信越化学
	6　タルク	コーティング助剤	中国タルク

で1 t/B の装置が稼働していると聞く。この装置は錠剤層の下から上に通気する方式（向流式）と，上から下に通気する方式（並流式）とがある。錠剤にかかる風圧によるコーティング液ミストの乱れ，コーティング剤の利用率の低下なども考えると一長一短がある。

しかし混合床を形成する錠剤の間隙をぬって乾燥空気を通過させるため，通常のパン・コーティングに比較して乾燥効率は約1.5倍から2倍に増大する。現在では乾燥空気を内側だけでな

9 コーティング技術

く適時,外側からも切り替えて通過させるリバース式のものも見られる。

乾燥速度を上げるためには通期面積を大きくすることや,通気量を大きくすることが良いが,それぞれ限界がある。

コーティング操作のトラブルとしてはフィルムの剥離がある。フィルムの剥離はコーティング液が錠剤内部に染み込むことが大きな原因で,錠剤基材の処方が関わっていると考えられる。

操作因子としてはコーティング液のスプレー液滴径,スプレー速度および装置の乾燥能力が大きく関与している。スプレー液滴径は小さいほど,また乾燥能力は大きいほど剥離は発生しにくい。

フィルム・コーティング液にはフィルム形成剤のほかに可塑剤,滑沢剤,錠剤の色をマスクする TiO_2 等を添加する。苦味や色をマスクするには数十 μm のフィルム膜厚が必要である。

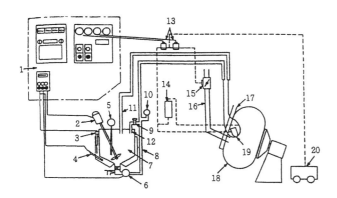

1. 操作パネル
2. 撹拌機
3. 外浴ヒーター
4. 外浴温度計
5. 内液温度計
6. ギアポンプ
7. 液タンク
8. 液送パイプ
9. 液圧調整バルブ
10. 液圧ゲージ
11. リターンパイプ
12. バイパスパイプ
13. 電磁弁
14. ミストチェッカー
15. エアダンパー
16. 送風管
17. 排風ケース
18. オニオン型パン
19. スプレーガン
20. コンプレッサー

図 104 パン・コーティング装置[2]

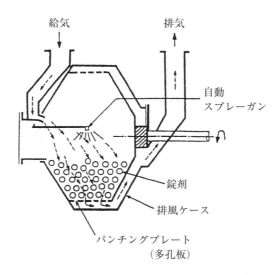

図 105 通気式乾燥パン・コーティング装置[2]

第2章　造粒機の特徴と運転管理

9．1．2　流動層コーティング装置

　1965年頃までは1 mm以下の粒子のフィルム・コーティング装置としては傾斜型のパンが主として用いられていた。これは作業者の技能に頼る部分が多く，合理化のため自動化も図られたが生産効率は十分でなかった。1970年頃より流動層が活用され自動化が容易になり，フィルム・コーティング製剤が多くなった。

(1) 汎用流動層コーティング装置

　熱風で流動させた粒子層の上にコーティング液をスプレーし，コーティングおよび乾燥を並行させて進める装置である。図106に概要を示した。スプレー速度やスプレー液滴径が大きすぎると団粒化が発生してフィルム表面を平滑に仕上げることが難しい。逆に小さすぎるとコーティング時間が長く，コーティング剤収率が悪くなる。これらは100 μm以上の比較的大きな粒子のコーティングについてであるが，100 μm以下の微粒子にコーティングするときは団粒発生の可能性が極めて大きい。

(2) ワースター型コーティング装置

　団粒発生を防ぐためには粒子の分散を良くし，コーティング液のかかった粒子はできるだけ速やかに乾燥する必要がある。そこで図107のワースター型コーティング装置が用いられている。内筒中を上昇する気流によって粒子が吸い込まれ，コーティング液をスプレーされながら吹き上げられる。そして上部の拡大部で失速，落下して循環する。底部に堆積した粒子は流動エアーによって流動化し，順次内筒に吸い込まれる。団粒を発生させないため，コーティングされた粒子は底部に戻るまでに十分乾燥させることが大切である。しかし通常の流動層に比べ粒子の破砕が起こりやすい欠点があるため，注意が必要である。

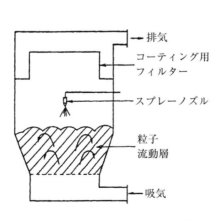

図106　流動層コーティング装置[2)]

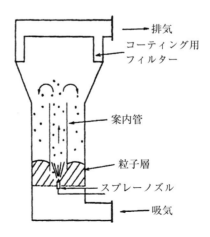

図107　噴流層型コーティング装置
　　　　（ワースター型）[2)]

9 コーティング技術

9.2 コーティングの不具合と対策

錠剤のコーティングでコーティング液の過剰や乾燥不足により，様々な不具合が生じる。オーバーウェッティング，エロージョン，ピッキング，ピーリング，スティッキング，オレンジピール，ブリッジング，過剰艶などがある。これらの多くはコーティング液の過剰や乾燥不足であるが，㈱パウレック社の資料を基に解説すると次のようになる。

(1) オーバーウェッティング

図108のように錠剤表面に水で浸食された細かい凹凸が発生する現象で，原因は乾燥不足，コーティング液の過剰，コーティング液の噴霧距離が短いなどである。対策としてはコーティング液の噴霧速度を落とす，乾燥給気温度のアップが考えられる。

(2) エロージョン

錠剤表面や刻印部周辺の削れ，凹み，欠けにコーティングされたもので，図109は凹みにコーティングされた様子。原因は錠剤の水分が高い，濡れ摩損しやすい錠剤など，錠剤に欠点があるので対策としては製造条件の見直しを行う。

(3) ピッキング

錠剤表面からのフィルムの剥離や凹み。原因としてはスプレーのミストが大きすぎたり，コーティング液が過剰な場合がある。コーティング面とコーティング液のスプレーガンの距離を大き

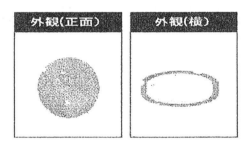

図108 オーバーウェッティング[9]

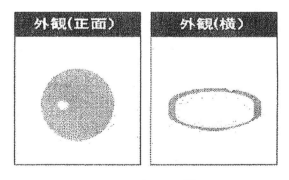

図109 ピッキング[9]

第2章　造粒機の特徴と運転管理

くする，コーティング液量を減らすなどの対策をとる。
(4) ピーリング
　ピッキングのより進んだ状態。図110のように錠剤表面に大きな剥離や凹みができる。原因はピッキングと同じで，対策もピッキングと同様である。
(5) スティッキング
　図111のようにピーリングで剥がれた破片が設備に付着し，さらにそれが剥がれて錠剤表面に付き凸状となる。対策はピッキングと同じである。
(6) オレンジピール
　スプレーミストの癒着が上手く行かず，錠剤表面が図112のようにザラザラになる。原因は乾燥過多やコーティング液のスプレーが少ないこと，コーティング液のガン距離が遠すぎるなど。対策としては，ガンの距離の調整やコーティング液の量を増やしたり，濃度を下げることなどが考えられる。
(7) ブリッジング
　図113のようにコーティング液のミストが癒着に失敗し，刻印を埋める現象。原因は乾燥過多やコーティング液のスプレーが少ないことや，コーティング液のガン距離が遠すぎることでオレンジピールと同じである。対策としては，ガン距離の調整やコーティング液の量を増やしたり

図110　ピーリング[9]

図111　スティッキング[9]

9 コーティング技術

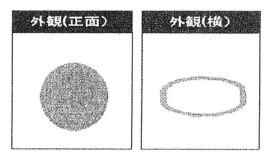

図112 オレンジピール[9]

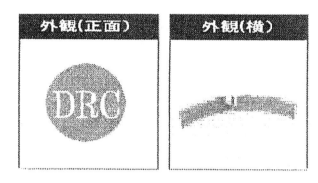

図113 ブリッジング[9]

濃度を下げることのほか，滑沢剤を使用する。
(8) 過剰艶
　錠剤表面の一部の艶が過剰になる現象。原因としてはコーティング液が過剰であったり，コーティング液のガン距離が近すぎることが考えられる。対策としては，錠剤の曲率半径の変更や，コーティング液の噴霧速度を下げることが考えられる。

9.3 コーティング技術の応用
　コーティング技術は医薬品に始まり，最近では食品や健康食品の分野でも利用されるようになった。筆者のイメージでまとめてみると表20のようになり，医薬品の技術が健康食品では幅広く利用されているが，食品ではマスキングや胃溶性，腸溶性，徐放性では見られない。

第2章　造粒機の特徴と運転管理

表20　コーティング技術の目的と用途

目的	医薬品	健康食品	一般食品
マスキング	○	△ニンニク	×
防湿	△	○	○チョコレート
遮光	○	○	○
摩損防止	△	○	○
外観商品価値	△	○	○
酸化防止*	×	○	○
胃溶性・腸溶性	○	△**	×
徐放性	○	△	×

＊：香り発散防止も含め，＊＊：粉末化したビフィズス菌を錠剤にして腸溶性コーティング
○：よくある，△：まれ？，×：まずない

10　カプセル化技術

10．1　カプセル化技術の種類

日本薬局方においては「カプセル剤は医薬品を液状，懸濁液状，糊状または顆粒の形でカプセルに充填するか，またはカプセル基材で被包成型して製造したものである」となっており，カプセル剤には硬カプセル剤と軟カプセル剤がある。

軟カプセル剤は通常ゼラチンにグリセリンまたはソルビットなどを加え，可塑性を増したカプセル基材に通常液体，ペースト状の薬剤を被包成型したものである。食品ではチューインガムの香料や，サプリメントのビタミンEが代表例である。

硬カプセル剤はあらかじめ成型されたゼラチン・シェル中に薬剤を充填含有させたものである。カプセルの肉厚は0.1～0.2 mm程度で，充填容量により通常NO.000～NO.5の8種類の大きさがある（図114）。薬剤の充填容量により適切な大きさのカプセルが選択される。最近，ニンニク卵黄などが硬カプセルや軟カプセルのサプリメントとして販売されている。

10．2　硬カプセル剤

ゼラチン・シェルは溶解性に優れているため，医薬では薬剤の速放性を特長とする製剤に使用される。また味，匂いが悪く服用しにくい薬剤を容易に飲みやすくすることができ，かつ製造プロセスが比較的単純である。したがってニンニク卵黄のようなサプリメントに応用されている。しかしゼラチン・シェルと反応する薬剤や，サプリメントには適用できない。

ゼラチン・シェルは通常12～13％が適性水分であり，10％以下では脆弱化が始まり，15％以上では軟弱化が始まる。

硬カプセル剤の内容薬剤としては，粉末状ないし顆粒状の薬剤がほとんどであるが，最近ペースト状の薬剤も充填できる装置が開発されている。

10　カプセル化技術

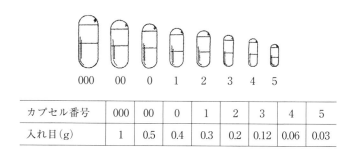

カプセル番号	000	00	0	1	2	3	4	5
入れ目(g)	1	0.5	0.4	0.3	0.2	0.12	0.06	0.03

図 114　硬カプセル・シェルのサイズと入れ目[2]

　硬カプセル剤の製造工程はカプセル・シェルの方向規則，分離（Cap と Body），薬剤の充填，結合（Cap と Body）からなっている。近年，充填機の発達に伴い，高速充填が可能になった。この高速充填性を実現するため，カプセル・シェルの品質（寸法精度）と内容薬剤の充填性，流動性が要求されている。表 21 に日本国内汎用カプセル充填機の例を示した。

10. 2. 1　硬カプセル充填機構

　充填機構は図 115 に示したような種類があり，それぞれについて特徴を見ると次のようになる。

① **Auger 式**

　Auger 装置でホッパー内の粉末を上方から直接ホルダー内のボディ中に押し込んだ後，ホルダーを水平移動させてこの上面をすり切り，一定量の薬剤を充填する。

② **Disc 式**

　ボディを装填したホルダーが粉末層の下を水平に通過するとき，粉末の自重によって自然充填する。この方式は流動性の高い粉末や顆粒の充填には適するが，機械的に充填量を調節することは困難である。

③ **Compress 式**

　Disc 式で説明したボディ上部の粉末をプランジャーで数回圧して，圧密充填する方式で流動性の低い粉末に適する。

④ **Press 式**

　一定の深さの粉末層の上からプランジャーのシリンダーを押し込むとシリンダーの内部に粉末が充填され，この充填された粉末をシリンダー内のピストンで圧縮する。次いでプランジャーがボディを装填したホルダーの上部まで移動し，ピストンによってシリンダー内の圧縮粉末をボディに押し移す。充填量はピストンの位置によって調節する。この方法により粉末が圧縮されて比較的多量に充填することができる。

⑤ **Tapping 式**

　Colton の充填機に採用されているもので，他の方式と異なりプランジャーでカプセルボディ

第2章 造粒機の特徴と運転管理

表21 国内汎用カプセル充填機[2]

	メーカー	タイプ	充填能力 最大 Caps/時	作動機構	充填機構
半自動	Parke-Davis（アメリカ）	Type 8	20,000	間けつ	Auger 式 Disk 式
	Eli Lilly（アメリカ）	Model 8	20,000	間けつ	Auger 式 Disk 式
全自動	Höfliger & Karg（ドイツ）	GKF-400	24,000	間けつ	Tamping & Disk 式
		GKF-800	48,000	〃	〃
		GKF-1,500	90,000	〃	〃
		GKF-3,000	180,000	〃	〃
	Zanasi-Nigris（ドイツ）	LZ-64	4,000	間けつ	Tube 式
		AZ-20	20,000	〃	〃
		AZ-40	40,000	〃	〃
		BZ-150	150,000	ロータリー	〃
		Z 5,000-R1	70,000	〃	〃
		Z 5,000-R2	110,000	〃	〃
		Z 5,000-R3	150,000	〃	〃
	mG-2（イタリア）	G-36	36,000	ロータリー	Tube 式
		G-38	60,000	〃	〃
		G-37	100,000	〃	〃
	Farmatic（イタリア）	2060	60,000	ロータリー	Tube 式
		2090	90,000	〃	〃
		2120	120,000	〃	〃
	大阪自動機製作所	OCF S-40	40,000	ロータリー	Disk 式
		OCF S-50	50,000	〃	〃
		OCF NR-100	100,000	〃	〃
		OCF NR-180	180,000	〃	〃
	日本エランコ	HICAPFIL	180,000	間けつ	Tamping & Disk 式

を上方から下向きにはさみ，プランジャーを上下に運動させてボディを数回粉末層中に上から押し込み粉末を充填する．充填粉末の流動性が高い場合は，プランジャーが上がったとき一度ボディ内に入った粉末が抜け落ちるので，適当な凝集性を持たせた上で充填する．

10．2．2　硬カプセル・キャップの嵌合機構

粉末充填したボディを装填した下ホルダーと，キャップを装填した上ホルダーと重ねる．その後，上部に押さえ板のある部分を移動させ，下ホルダーの下部よりボディを突き上げてボディをキャップ内に挿入する．この例を図116に示した．

10．2．3　硬カプセル放出機構

図117に示したように，上下ホルダーを図116の押さえ板のある部分から移動させ，充填，嵌合の終わったカプセル剤を下から突き上げてホルダーから放出する．

10．2．4　硬カプセルの封緘

包装工程や輸送中に受ける振動や衝撃によって，硬カプセル剤のキャップとボディが分離して

10 カプセル化技術

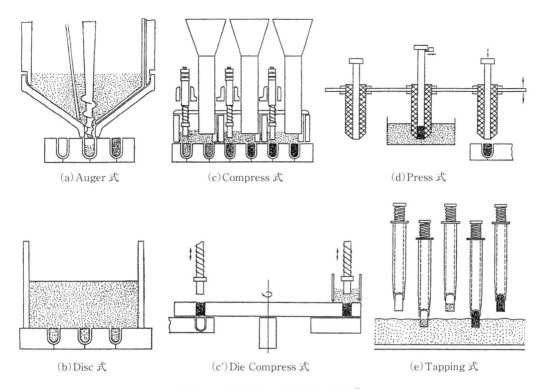

図 115 硬カプセル充填機構の種類[2]

内容薬剤が漏れ，またこの薬剤がさらに周辺のカプセル剤の表面に付着することがある。これを防止する方法として，充填工程中または充填後にカプセルに分離防止の処置を行う方法，カプセル自体を分離しにくくするロックカプセルを用いる方法がある。前者は，

① 充填後キャップとボディとの嵌合部にゼラチン溶液を帯状に塗布，乾燥するバンドシール法。これは自動シール機が充填機の付帯設備として市販されている。
② 充填後のカプセル剤を混合機中やコーティング・パン中で回転させて接着剤を塗布する方法。
③ キャップとボディの嵌合部1点または2点を加熱した針や，超音波ビットで押圧するドットシール法の特許が見られる。

前者は封緘は完全になるが，そのための設備や工程が増加するのに対して，後者のロックカプセルはそれらを必要とせず，かつ実用的に十分分離に対応できるカプセルが得られる。図118にその断面図を示した。図118の(a)，(b)はキャップの一部を内側に突き出させ，充填後これをボディと嵌合するときにボディを強く挿入すると，部分的に発生する強い摩擦力によって分離を防ぐ。図118(c)はキャップとボディの両方に嵌合溝をつくった例である。図118(d)はダブルロックカプセルと呼ばれ，上下2段ロックとなっている。

第 2 章　造粒機の特徴と運転管理

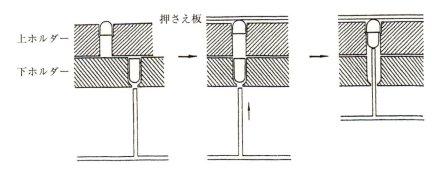

図 116　硬カプセル嵌合機構[2]

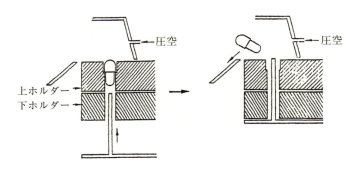

図 117　硬カプセル充填後の放出機構[2]

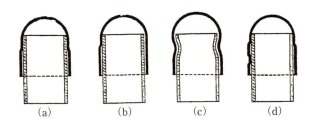

図 118　ロックカプセルの断面図[2]

10.2.5 硬カプセルの選別

充填機のカプセル剤の外観不良品選別は，カプセル剤をベルト上で回転させながら移動し肉眼検査を行う。不良の種類としては，破れ，二重嵌合，切断，キャップなし，凹み，欠損，裂傷など。

10.2.6 硬カプセルの除粉

充填中にカプセル表面に付着した薬剤粉末を適当な方法で拭い取って製品とする。メーカーによっては充填機の一部にクリーナーが敷設されている。この場合でも充填工程中の粉末の飛散・混入や充填後の粉末の漏れによって除粉が必要になることがある。

除粉には充填後硬カプセル剤をフランネルで摩擦する方法が一般的で，また専用の除粉設備も市販されている。このほか油脂類，アルコール類，シリコン油，界面活性剤・水などを付着した高分子の発泡体とカプセル剤とを，混合機の中で回転させて除粉する特許も見られる。

10.2.7 硬カプセルの充填後の変動

硬カプセル剤の充填量の変動は，主に充填機の充填機構，カプセル寸法精度，充填粉粒体の物性の影響を受けて変化する。したがって，これらの検討が重要であるが，一般には一定の号数のカプセルに対しては，薬剤をできるだけ多量に充填するほど，その充填量の変動は小さい。局方では硬カプセル剤の重量偏差の規格を10％以内と定めているが，最近の自動成形によるカプセルの品質の向上や，充填機構の改良によって実際には十分この規格が守れている。その例を表22に示した。

10.3 軟カプセル剤

軟カプセル剤ではカプセルの成形と，内容薬剤（サプリメントでは機能性成分）の充填とを同時に行う。製造方法としては打ち抜き法，滴下法の2種類に分類され，打ち抜き法には手動による平板法と連続自動法がある。基材であるゼラチンに比較的多量のグリセリン，ソルビトールなどの可塑剤が添加され，薬剤をこれに被包した弾性・柔軟性に富む剤形である。

表22 硬カプセルの重量とボディの容量 [1]

サイズ	ボディ容積 (mL)	充填量 (mg)	
		かさ密度 0.6 mg/mL	かさ密度 0.8 mg/mL
000	1.37	822	1,096
00	0.95	570	760
0	0.68	408	544
1	0.50	300	400
2	0.37	222	296
3	0.30	180	240
4	0.21	126	168
5	0.13	78	104

第2章　造粒機の特徴と運転管理

10.3.1　打ち抜き法（stamping method）

(1) 平板法

ゼラチンの溶液を薄く展延した後，冷却，ゲル化してゼラチン・シートとする。このように製造した2枚のシートの間に薬剤を入れ，金型で両面から圧して薬剤をカプセル内に封入すると同時に，2枚のゼラチン・シートを結合させて打ち抜く方法でカプセルを造る。この後，カプセル剤を乾燥して製品とする。図119に平板法による軟カプセルの成形の原理を示した。

(2) 連続自動法（ロータリー法）

ロータリー法のカプセル成形機構を図120に示した。ゲル化したゼラチン・シートFが左右から供給され，ダイロールDの間に来るとインジェクションセグメントCからダイロールの回転に合わせて薬液が間欠的に噴射される。その後，ゼラチン・シートが接着されカプセルEが打ち抜かれる。余剰のゼラチン・シートは再度溶解されゼラチン・シートとして使われる。

(3) 滴下法（シームレス法）

シームレス法による軟カプセル成形の機構を図121に示した。ゼラチン液は自動バルブを経て自然落下により一定量が二重ノズルの外側のノズルに送られ，薬液はポンプを介して内側のノズルに供給される。2層から成る流出物（ジェット）は，ゼラチン液と混和しない流動パラフィンのような冷却媒中に放出される。ノズルの下に設置されたパルセーターで間欠的に冷媒の一部を噴射し，2層の液流が切断され液滴となる。液滴は重力で落下しつつ，表面張力により球体となってさらに落下しながら冷却・固化する。さらにカプセルは冷却・固化したあと，洗浄・乾燥工程に送られる。この仕組みでノズルを3重にすると，軟カプセルの中に小さな軟カプセルが封入でき人工イクラも製造できる。カプセルの大きさは0.3 mmφ～7 mmφ程度のものが多い。チューインガムの香料は1 mmφの香料が練り込まれており，肉眼でも確認できることがある。

ロータリー法とシームレス法の比較を表23に示した。表23では打抜きネットのゼラチンの損失が大きいように書いてあるが，このネットは再溶解されて利用されるので材料そのもののロスは多くない。手間が掛かる分，生産効率は阻害されるがスピードは45,000個/hとシームレス法の20,000個/hより早い。

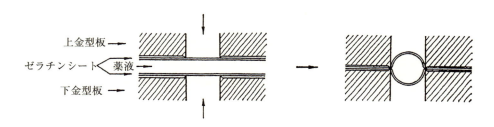

図119　平板法による軟カプセルの成形[2]

10 カプセル化技術

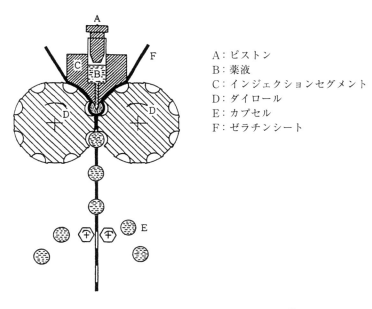

A：ピストン
B：薬液
C：インジェクションセグメント
D：ダイロール
E：カプセル
F：ゼラチンシート

図120 ロータリー法，軟カプセル成形機構[2]

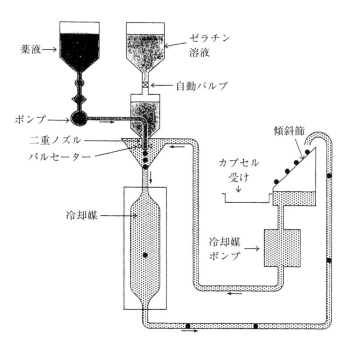

図121 シームレス法，軟カプセル成形機構[2]

第 2 章　造粒機の特徴と運転管理

表 23　軟カプセル成形法, ロータリー法とシームレス法の比較[2]

	ロータリー法	シームレス法
生産能力	45,000 個/時間	20,000 個/時間
充填薬液	溶液から高粘度のペースト状まで充填可能。充填量の範囲は広い。	溶液 (最近, 高融点の油脂等充填可能な機種もある[26]。) 充填量は少ない。
ゼラチン	高粘度のゼラチン液を使用する。 打抜き後の不要ゼラチン (打抜きネット) 損失が大。	低粘度のゼラチン液を使用する。 ゼラチン液の損失が少ない。
カプセル形状	ダイロールを交換することにより球形から変形まで種々の形状が可能。	球状 微小カプセルが可能。
重量変動	小さい (c.v. < 1～2.5%)。	やや大きい (c.v. < 3%)。
外観	シートの接着による継目がある。2枚のシートを用いるのでツートンカラーに色分け可能。	一体成型のため, 継目がない。
その他	ゼラチンシートの調製は, 作業環境の影響を受け易いため, 一定の温湿度を保つ必要がある。 接着不良により継目から薬液の漏出が起こる。	液滴形成時, 偏肉やアイズ (eyes)[27]が発生すると強度の低下につながる。

第3章

造粒プロセス関連技術

　造粒プロセスにおいては第1章2.3で述べたように造粒機だけ着目しても造粒物を生産することはできない。造粒プロセスは次のように原料の配合から始まって輸送，粉砕，加湿混練，造粒と繋がり，さらに輸送，乾燥，篩分，包装と数多くの工程を経て初めて造粒物の生産ができるのである。原料の配合が違っただけで目的の造粒物が生産できなかったり，粉砕の程度の違いで目的の品質が確保できないだけでなく，運転操作そのものがスムーズに行えないこともある。したがって造粒機だけでなく造粒プラントとして捉えて技術開発することが大前提である。

> 原料→配合→輸送→粉砕→加湿混練→造粒→輸送→乾燥→輸送→<u>篩分</u>→包装
> ※<u>篩分工程</u>では<u>塊の解砕</u>と<u>微粉の再造粒</u>のための回収が必要になる

1　貯蔵

　食品の原料は20～30 kgのペーパーバックや1～10 kgのカートン入り原料，一斗缶入りのペースト原料，1 t（トン）のコンテナーに入った食塩や液体原料，さらにはタンク・ローリーで搬送される砂糖や醤油まである。

　これらはその保管条件が常温で良い物，冷蔵保管が必要な物など原料保管倉庫もいろいろ配慮が必要である。

　ペースト原料などは，そのまま造粒工程の原料として使用することはできず，他の液体原料と混合して噴霧乾燥して粉末化する必要がある。その噴霧乾燥にあたっては，一斗缶からペーストを出すためにペーストの粘度を下げる必要がある。そこでペースト原料を60℃程度にする加温

第3章　造粒プロセス関連技術

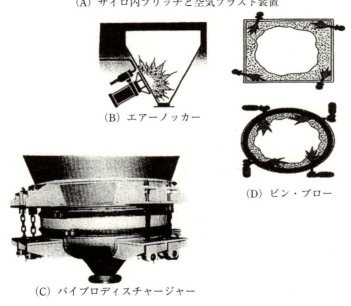

図122　サイロの閉塞現象と閉塞粉体の排出方法[16,17]

が必要となり，そのための加温室が必要になる。このように造粒プラントを考える場合，原料の貯蔵一つとっても検討が必要な項目が多い。

また粉体原料でもその粉体の自重による粉体圧で固結することもある。筆者は1tの食塩の入ったコンテナーバックが1tの塊になり，これを排出するために大きな振動装置にコンテナーバックを載せて振動させて塊を解した経験がある。食塩は30kgのペーパーバックも含め入荷した時点で全体が塊になっており，一度解しても8時間位放置しておくとまた固まるので倉庫から出したら使用前に必ず解す必要がある。この他，塩化アンモニウム，リン酸二カリウム，砂糖なども塊になりやすい原料である。

2 計量

＜原料サイロの閉塞トラブル例＞

大量原料は 10～50 t 入るサイロに受け入れるが，筆者が経験したサイロでのトラブル例を紹介する。食塩は比較的流動性の良い海水塩を精製して Mg，Ca，K 等の夾雑塩を少なくした特例塩であったが，10 t サイロに 1 t のコンテナーバックから供給して 10 t 仕込み，24 時間後に自動計量のため排出を試みたところ全く排出されなかった。食塩の平均粒子径は 400 μm であった。

図122の（A）のようにサイロ内で固結が発生した。この例では（A）の④の閉塞の状態であった。この排出のためいろいろ試みたが，結局（B）のエアーノッカーに加えて（D）のビン・ブローとさらに（C）のバイブロディスチャージャーの3方法を取り付けないと排出できないことがわかった。（D）のビンブローは図のようにサイロの側壁上下のほぼ中央の4隅に容量 20 L のタンクを取り付け，これに 5 kg/cm^2 の圧力の空気を入れ一気にブローするとエアーノッカーの相乗作用で粉体がサイロ底面に落下する。そこでバイブロディスチャージャーを作動させて排出し自動計量機に送った。

2 計量

造粒プラントを見ると労力を要するのは原料の荷揃え，計量，投入と製品の包装工程である。混合，粉砕，輸送，混練，造粒，輸送，乾燥などは設備そのものの稼働で原料の加工が進むので複数の設備を一人の監視員で賄うことができる。

食品は 1 kg 当たりの単価が医薬品などに比べて 2～3 桁安いので，人件費の負担が重いことは周知の事実である。したがって労力を多く要する原料の荷揃え，計量，投入と包装工程を可能な限り自動化して，人件費を削減しコストダウンを図る必要がある。

計量，投入の自動化の方法としてはロータリー・バルブ，スクリューフィーダー，振動フィーダー等の定量供給機を用いた自動計量化が考えられる。ホッパースケールとサイロの組み合わせによる大型自動計量やステンレスやアルミニウムの金属製コンテナーを用いた自動計量が考えられる。

2.1 原料を受け入れたサイロから原料を輸送し，自動計量する工程

タンクローリー等で大量使用原料をサイロに受け入れ，製造装置のミキサーで原料を自動計量し投入する装置の例を図123に示した。図122（C）と図124では，食塩のように排出しにくい原料を排出するため，サイロの底面にジャイロ運動と振動を与え原料をスムーズに排出できるように工夫した装置：バイブロディスチャージャーを示した。

図123は，②サイロから，原料を③バイブロディスチャージャーおよび④ロータリーバルブを経て⑥計量タンクに送り，⑤自動計量装置で所定量を自動計量して⑧投入タンクに落とし，⑪ミキサーで混合する仕組みの例である。

第3章　造粒プロセス関連技術

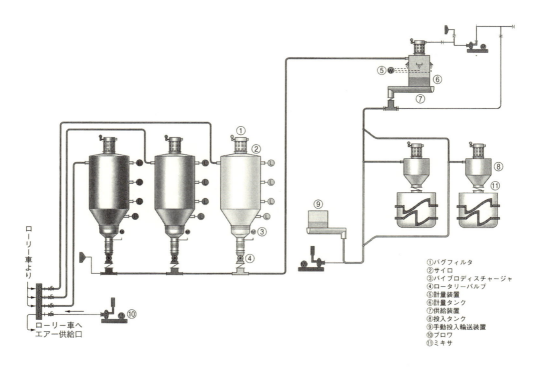

図123　サイロ受け入れ原料の輸送，自動計量，自動投入設備の例[17]

図124　サイロ底面の粉体排出助長装置（バイブロディスチャージャー）[16,17]

2.2　粉体の中量原料の自動計量装置

　サイロで受け入れるほど大量でないが500 kg位の原料を50 kgずつ自動計量したいとき等，中量原料の自動計量は，図125のような⑥移動式ストックタンクと⑧供給装置の組み合わせで，⑩移動コンテナに原料を自動計量で供給する装置である。⑩移動コンテナへの供給原料の量は⑦計量装置により確認して⑧供給装置を停止させる仕組みである。

2 計量

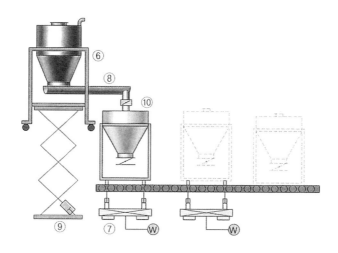

図 125　中量原料自動計量装置[17]

2.3　中量自動計量の誤差対策例

　筆者が実験した中量計量の例を紹介する。図 125 では供給機にスクリューフィダーを使用しているが筆者はロータリー・バルブを用いた。ロータリー・バルブの回転をコントロールすることで定量の原料を供給する仕組みであるが，ロータリー・バルブは，ローターの歯と歯の間の原料は一搔き分が誤差になるので，図 126 ではロータリー・バルブの下にバタフライ弁を付けて一搔き分の原料が落下して誤差になるのを防ぐ工夫をした。

　図 127 のようにロータリー・バルブの歯の間の溝を浅くすれば誤差は小さくなるので，最終的には図 127 の図の右下のように歯と歯の間を上げ底にして一搔きの誤差を少なくした。それでも誤差が小さくできないので，ロータリー・バルブの下にカットゲートと呼ぶバタフライ弁を

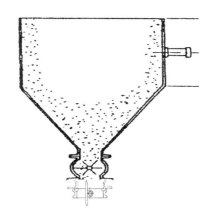

図 126　ロータリーバルブとバタフライ弁による自動計量の例

第3章 造粒プロセス関連技術

主なるローターの種類

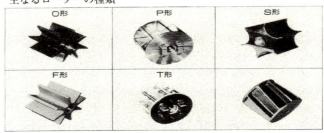

カットゲートの速度と計量精度

	カット速度 1.2 秒		カット速度 0.54 秒	
	うまみ調味料	グラニュー糖	うまみ調味料	グラニュー糖
計量値 X ($n=11$)	50.2 kg	50.6 kg	48.8 kg	50.0 kg
切出誤差 3σ	2.91	3.27	1.6	1.84
変動係数 σ/X	1.90%	2.20%	1.10%	1.20%

図127　50 kg 計量のテストデータ例

取り付け，その締まる速度（カット速度）を1.2秒にセットしたところ50 kgの計量に対して約2.9～3.3 kgの誤差，率にして5.8～6.5％の誤差であった。さらに誤差を小さくするため，カット速度を技術的に可能な0.5秒にしたところ誤差が1.6～1.8 kgとなり3.2～3.6％の誤差であった。通常，製造規格は許容誤差10％程度なので，共に許容範囲であるが，より高い精度を望まれトライした結果である。

3　輸送

3.1　輸送装置の種類

粉体の輸送は空気輸送，振動コンベヤ，スクリューコンベヤ，バケットエレベーター等が用いられるが，大切なことは造粒品の破損をできる限り少なくすることである。そのためスクリューコンベヤは顆粒の破損が多く敬遠される。水平方向の輸送には振動コンベヤが使われる。垂直方向は3 m程度の低い距離なら振動エレベーターやバケットエレベーターも考えられるが，構造が複雑で洗浄しにくい欠点がある。

3.2　空気輸送の理論

空気輸送も輸送速度が速すぎると顆粒の破損が起こるので，輸送速度を5 m/sec程度以下に抑える必要がある。よく使われるニューマティックコンベヤの能力診断はフルード数 Fr と混合比 μ で判定される。

以下例題を用いてフルード数 Fr の使い方について説明する。

　　フルード数 $Fr = u_a / \sqrt{gD}$

3 輸送

u_a：輸送空気量を輸送配管の内径 D で計算した断面積で割った値（m/sec）

D：輸送配管の内径（m）　　g：重力の加速度 9.8 m/sec^2

$\mu \leq 0.41 (Fr/10)^{2.96}$ ……… 粉末 …… ①

$\mu \leq 0.31 (Fr/10)^{4}$ ………… 顆粒，粒 … ②

＜例題＞

温度30℃，風速 $u_a = 25$ m/sec で輸送している配管内径 250 mmϕ のニューマティックコンベヤで現在顆粒の流量は 1,100 kg/H で輸送している。風量を変えずに顆粒の流量を 1,800 kg/H に増やせるか？

＜回答＞

空気の密度 $= (273/273+30) \times 1.293 = 1.165$ kg/m^3

空気の流量 $G_a = (\pi \times 0.25^2 \times 25/4) \times 1.165 = 1.429$ kg/sec

顆粒の流量 $G_s = 1,100 \sim 1,800$ kg/H $= 0.306 \sim 0.5$ kg/sec

混合比 $\mu = G_s/G_a = (0.306 \sim 0.5)/1.429 = 0.214 \sim 0.35$

フルード数 $Fr = 25/\sqrt{9.8 \times 0.25} = 15.97$

混合比 $\mu = 0.214 \sim 0.35$

　$0.31 (Fr/10)^4 = 0.31 \times (15.97/10)^4 = 2.016$

∴ $\mu \leq 0.31 (Fr/10)^4$ が成立するので，このニューマティックコンベヤは閉塞することなく流量は 1,100 kg/H から 1,800 kg/H へ増量可能である。

このようにフルード数 Fr と混合比 μ の関係は低濃度空気輸送において式①，②で評価できることがわかった。

また高濃度低速輸送についても文献の情報を基に調べたところ図128のような空気輸送のモデルがあり，これらについての混合比 μ とフルード数 Fr の関係が表24のようなデータで紹介

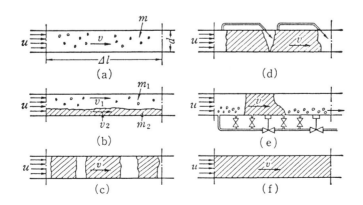

図128　空気輸送の流れの様子　(a) は低濃度空気輸送　(c) が高濃度低速輸送[18]

第3章 造粒プロセス関連技術

表24 空気輸送の流れの状態と輸送速度／混合比 [18]

管径 D = 100 mm の場合	気流平均速度 u〔m/s〕	粒子と気流の平均速度の比 v/u	混合比 m
流れの状態 a	15～35	0.3～0.7	30
b	5～20	0.1～0.5	100
c	2～6	0.6～0.9	50～100
d	3～10	0.2～0.8	100～500
e	5～15	0.2～0.8	100～500
f	0.4～4	0.6～0.9	400～800

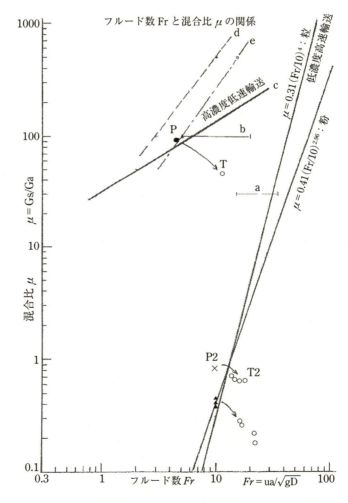

図 129 空気輸送，フルード数 Fr と混合比 μ の関係 [4, 15]

されており，このデータを基に混合比 μ（表24では m）とフルード数 Fr の関係を求めて低濃度空気輸送のデータと共に同じグラフに載せたところ図129が得られた。

低濃度空気輸送のトラブル例として，図129の P_2 の条件で閉塞したトラブルは風速を増やし T_2 にしたところ閉塞が解消された。

いろいろな空気輸送における粉粒体の流れの様子を示したのが図128であり，低濃度空気輸送では図128の（a）に相当し高濃度低速輸送，いわゆるプラグ輸送は図128の（c）に当たると考えられる。

図129を見ると高濃度低速輸送で閉塞トラブルを起こしたのは点Pであったが，直線cを境に点Tの条件とすることで閉塞が解消された。このことから高濃度低速輸送においても，低濃度空気輸送と同様に輸送配管での閉塞状態を同様な図で表せることがわかった。

3.3 空気輸送の集塵
3.3.1 サイクロン

空気輸送では送り出し側にはロータリー・バルブが使われ，受け取り側にはサイクロンやバックフィルターが用いられる。サイクロンについては図130のような環状室付全円周渦巻式入口型と接線入口型がある。前者は集塵効率も良く圧力損失が少ないが，構造が複雑で製作費が高い

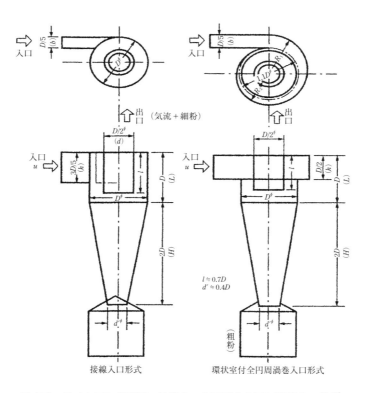

図130 サイクロンの形状，接線入口と環状室全円周渦巻入口 [11, 15]

第3章　造粒プロセス関連技術

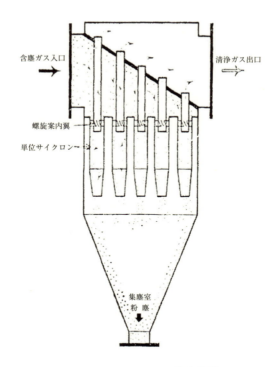

図131　マルチクロンの構造[11, 15]

ことなどから実際に採用されるのは後者の方が多い。サイクロンは筒径が小さい方が集塵効率が良いため，図131のようなマルチクロンもあるが空気輸送においてはサイクロンが採用される。また，食品工業においては設備は分解洗浄が容易であることが求められるため，構造の複雑なマルチクロンは採用されることが少ない。サイクロンは入り口の風速が速い方が集塵効率が良いように思われるが，圧力損失が大きくなることや風の乱れにより期待したほど集塵効率も良くならないことから，入り口風速は10～20 m/secのモノが多い。入り口の風速が決まればサイクロンの入り口の大きさが決まり，サイクロン全体の寸法も決めやすい。このサイクロンの寸法については，いろいろな研究者が提唱しており表25のような種類がある。筆者はサイクロン研究の第一人者であった井伊谷氏の寸法を採用してサイクロンを設計することが多かった。

　サイクロンの風だけ流れた時の圧力損失 ΔP は次のような式で計算できる。

$$\Delta P = K\,(b \cdot h_3 / d_2^{\,2})\,(D^2 / H \cdot L)^{1/3} \cdot \rho \cdot u_i^{\,2} / 2g_c$$

　　$K = 24$：接線入口型，　　$K = 12$：全円周渦巻入口型，
　　ρ：空気の密度，　　u_i：入口風速，　　g_c：重力換算係数

　サイクロンは風だけ流れている時に比べ粉塵を含む時の圧力損失は小さくなる。それは粉塵に風のエネルギーを奪われるためで，次の式で計算できる。

$$\Delta P_s = \Delta P\,\{1 - \alpha(G_s / G_a)^{\beta}\}$$

3 輸送

表 25 代表的なサイクロンの寸法 [15]

サイズ記号	井伊谷	Lapple, 池森	Perry's Handbook	渡辺, 川端
D	D	D	D	D
d	0.4D	0.33〜0.5D	0.5D	0.4〜0.7D
d'	0.25〜0.4D	0.23〜0.5D	0.25D	
L	1.0D	1.33〜2.0D	2.0D	0.5〜2.0D
H	2.0D	1.33〜2.0D	2.0D	0.5〜3.0D
h	0.5D	0.25〜0.33D	0.5D	0.25〜1.0D
l	0.8D	0.33〜0.58D	0.63D	0.3〜1.2D
b	0.2D	0.25〜0.33D	0.25D	0.18〜0.96D

G_s：粉塵の流量（kg/H），　　G_a：風の流量（kg/H），　　$\alpha,\ \beta$ 定数，$\beta \fallingdotseq 0.5$

実際の運転事例でこの式が使えることを検証すると，

40℃の空気の密度 $\rho = 1.293 \times \{273/(273+40)\} \fallingdotseq 1.13\ kg/m^3$

$u_i = Q/b \cdot h$

$\quad = 69.5\ m^3/min/0.124\ m \times 0.324\ m \times 60\ sec/min = 28.85\ m/sec$

このサイクロンは全円周渦巻入口型であることから $K = 12$

$\Delta P = K\ (b \cdot h_3/d_2^{\ 2})(D^2/H \cdot L)^{1/3} \cdot \rho \cdot u_i^{\ 2}/2g_c$

$\quad = 12\ (0.124 \times 0.324/0.3^2)(0.594^2/0.65 \times 1.34)^{1/3} \times 1.13 \times 28.85^2/2 \times 9.8$

$\quad = 190\ kg/m^2 = 190\ mmAq\cdots$実測値と一致

実運転時粉塵量 $G_s = 1,100\ kg/H$

輸送空気量 $G_a = 69.5 \times 1.13 \times 60 = 4,712\ kg/H$

実測 $\Delta P_s = 120\ mmAq$

$\quad \Delta P_s = \Delta P\ \{1 - \alpha(G_s/G_a)^\beta\}\quad\quad \beta \fallingdotseq 0.5$

$120 = 190\ \{1 - \alpha(1,100/4,712)^{0.5}\}$

これを計算すると　$\alpha = 0.763$

以上から，このサイクロンでは風だけ流れる時の圧力損失は 190 mmAq であるが，粉塵を含んだ時は $\Delta P_s = 120\ mmAq$ となり，風だけ流れた時の 0.763（76.3％）と圧力損失が小さくなることがわかる。

サイクロンの最小捕集粒子径 d_p は次の式で計算できるが，計算値と実測値との間に乖離があり実際は計算値の3倍位の大きさしか捕集できない。おおよそ 10 μm が最小捕集粒子径と考えて良い。

$d_p = \sqrt{(18\mu/\pi\rho_p \cdot u_i)} \times D/\sqrt{(2K_c \cdot m \cdot H')}$

$K_c = 2.56,\quad m = 1/3$

μ：空気の粘度，　　ρ_p：粒子の密度

H'は図 130 と表 25 から $H, L, \mathfrak{l}$（図 130 では小文字のエル）より計算する

$H' = H + L - \mathfrak{l}$　　$\{\mathfrak{l}$ は表 25 では l（小文字のエル）$\}$

第 3 章　造粒プロセス関連技術

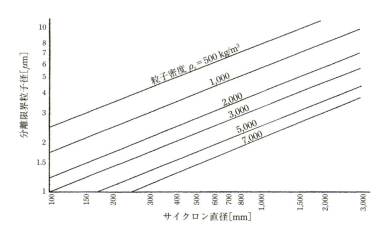

図 132　サイクロンの直径と分離限界粒子径[15]

　この理論計算した最小捕集粒子径は分離限界粒子径として参考書にも図 132 のように紹介されている。図 132 を見ると粒子の密度が大きいほど小さな粒子まで捕集できている。またサイクロンの直径 D が小さいほど小さい粒子まで捕集できることがわかる。この傾向は確かに経験的にも理解できる。この理由でマルチクロンが作られたものと考える。しかし真密度 2,000 kg/m³ 位の食品粉体で検証してみると，おおよそ 10 μm が最小捕集粒子径であった。筆者の古い記憶であるが，D = 100 mmϕ 位のサイクロンの下部にエジェクターを付けて捕集粒子をサイクロンの下部から吸い出すように工夫して実験した結果でも 6 μm 程度を捕集するのがやっとであった。

3. 3. 2　バックフィルター

　サイクロンで捕集しきれない微粉はバックフィルターで捕集するのが一般的である。バックフィルターは図 133 のような構造であるが，バックを支えるリテーナーと呼ぶ金属製（食品では SUS304）の籠だけだと，バックに付着した微粉を払い落とすためにパルス・エアを吹き込むが，払い落とす面に掛かる圧力にムラが生じ払い落とせない部分ができる。そこで図 134 に示したディフューザーと呼ぶ金属の多孔板の円筒をリテーナーの内側に取り付け払い落とし空気の圧力の分散を行う。このことでバックに付いた微粉がバック全面から払い落とせる。

　またバックフィルターの濾過速度は，速くすればバックの面積が小さくなりコンパクトなバックフィルターになるが，濾過速度が速すぎるとバックの目詰まりが速く頻繁にバックの交換が必要になる。バックフィルターは図 133 のように構造が複雑なのでバックの交換には手間がかかり，ほぼ 1 日かかると考えられる。筆者の経験からバックの交換を 24 時間連続運転で 1 カ月に 1 回程度に納めるためにはバックフィルターの濾過速度は 1.5 m/min 以下が望ましい。図 135 のように積算集塵率急激に低下することも考え，濾過速度は 1.5 m/min 以下を推薦する。

3 輸送

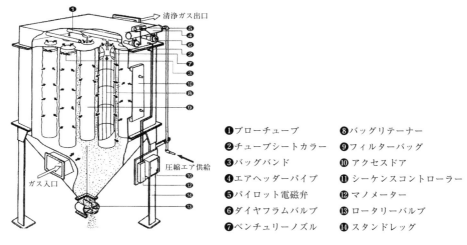

❶ブローチューブ　❽バッグリテーナー
❷チューブシートカラー　❾フィルターバッグ
❸バッグバンド　❿アクセスドア
❹エアヘッダーパイプ　⓫シーケンスコントローラー
❺パイロット電磁弁　⓬マノメーター
❻ダイヤフラムバルブ　⓭ロータリーバルブ
❼ベンチュリーノズル　⓮スタンドレッグ

図133　バックフィルターの構造[19]

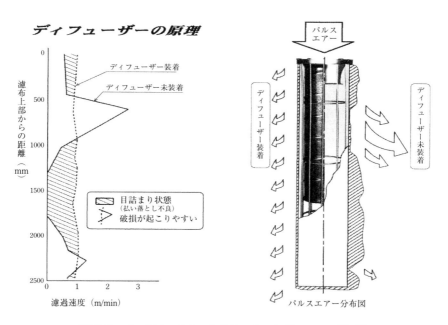

図134　バックフィルターのリテーナーとディフューザー[20]

第3章　造粒プロセス関連技術

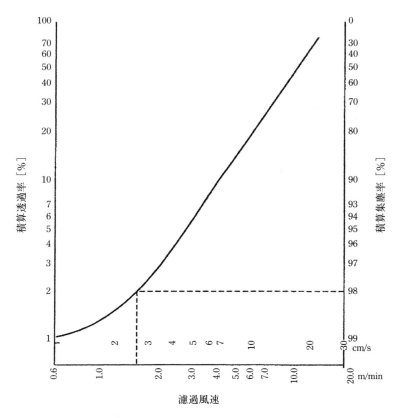

図135　バックフィルターの濾過風速と集塵率の関係[15]

3.4　空気輸送における粒子の破砕の問題

　筆者の経験であるが，同じ輸送配管で砂糖と食塩を交互に輸送した時の問題である。配管内の残量によるコンタミネーションを極力少なくするために，それぞれの輸送終了時に空気のみで空輸送して配管内の残原料を最小限にした。しかし多数回，交互輸送を行うと受け取り側のタンクではそれぞれの結晶が微粉に覆われて砂糖と食塩の外観上の区別がつかなくなった。微粉の量を調べるといずれも1％程度で極端に多くはなかった。

　そこで原因と対策を講じるために，輸送空気の風速と結晶の破損の関係を調べたところ，図136のような結果となり微粉の量は空気輸送速度のほぼ3乗に比例して増加することがわかった。

　また食塩と砂糖が外観上識別できるのは微粉の量が0.3％以下の時であることもわかった。

　その結果，対策としては図136から微粉の量が0.3％以下になる空気輸送速度を調べると6 m/sec以下であることがわかり，空気輸送速度を5 m/secに設定した。

　一般に高密度輸送と呼ばれる空気輸送では5 m/sec以下のことが多く，高密度輸送で空気輸送速度を5 m/sec以下に設定すれば，製品や原料の粒子の破損の問題は起こらないと考えられる。

　図136は筆者の経験したデータであるがこの中には造粒した顆粒や食塩のような結晶類も含

3 輸送

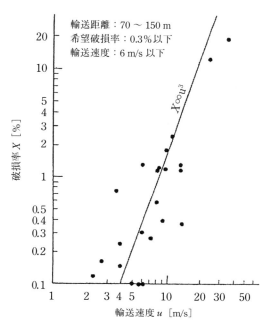

図136 空気輸送速度と輸送品の破損率の関係[16]

むがどれもほぼ同じ直線上に沿っており，結晶と造粒した顆粒の区別なく利用できると考えられる。

3.5 輸送工程のトラブル例

熱軟化しやすい原料粉がロータリーバルブの軸に入り込み摩擦熱で融解し，ロータリーバルブの回転を不能にした。8時間程度の短時間では特に問題なく造粒工程の運転が実施できたが，24時間めにロータリーバルブの軸に入り込んだ原料粉が軸の摩擦熱で融解した。そのことで造粒工程全体が運転停止に追い込まれた。

(1) 原因

配合原料の乳糖を，コストダウンのために顆粒品の品質を維持しながら原料費の削減を狙って，11%から22%に増量し高価な別の原料を削減するテストを行った。乳糖が11%から22%に増えたことで原料粉全体の熱軟化性が変化したため，ロータリーバルブの軸受け内に入り込んだ原料粉が軸の摩擦熱で80℃以上になり融解し，軸が焼き付きを起こしたと判断された。

(2) 対策

原料の中の乳糖を22%から元の11%に戻したことにより，24時間運転で20日間以上連続で顆粒の生産が従来通り実施できた。

筆者の経験を付け加えると，ロータリーバルブやスクリューコンベヤはローターやスクリューとケーシングの間隙が1.5 mm以下ではシール性が良いが，原料粉の噛み込みトラブルを起こし

やすい。この間隙が 2 mm 以上にするとシール性は劣るが原料粉の噛み込みはほとんどみられない。

この間隙を 2 mm にしても設備の機能上大きな問題がないのでロータリーバルブやスクリューコンベヤーではケーシングとローターやスクリューの間隙は 2 mm にすると良い。

4 原料混合・混練

4.1 原料混合技術

顆粒品の製造においては複数の原料を配合することが多いが、これらの原料が均一に混合されていることが要求される。感覚的に良く混合されていると言っても、それだけでは均一に混合されている証にはならない。要は着目成分の分析値が顆粒の製造規格を守れる範囲で混合されていることが要求される。成分が均一に混合されている度合いを混合度と呼ぶと文献にはいろいろな混合度が紹介されているが「着目成分が顆粒の製造規格を守れる範囲」となるとその定量的な表現はなかなか見当たらない。

筆者は医薬品製造に使われる混合度（変動係数：CV 値）がこの目的に使えると考え調べてみた。食品では塩分（Cl 値）など分析が容易なことから分析の指標に使いやすい。原料の混合粉から無作為に採取した着目成分（Cl など）の濃度を測定して、その値が

$$x_i \quad (i = 1, 2, \cdots, N)$$

であったとするとサンプル平均値は

$$\bar{x}_s = \frac{1}{N}\sum_{i=1}^{N} x_i \quad (i = 1, 2, 3, \cdots, n)$$

で計算できる。N が大きくなれば $\bar{x}_s$ は初期仕込み濃度 $\bar{x}_c$ に近づきサンプル分散は以下のように計算される。

$$\sigma_p^2 = \frac{1}{N}\sum_{i=1}^{N}(x_i - \bar{x}_c)^2$$

σ_r^2 を完全混合状態の分散とし σ_0^2 を完全分散状態すなわち混合開始前の状態の分散とすると、これらはそれぞれ次の式で計算される。

$$\sigma_r^2 = x_c(1 - \bar{x}_c)/n, \quad \sigma_0^2 = \bar{x}_c(1 - \bar{x}_c)$$

そこで混合度を変動係数（CV 値[18]）$\sigma_s/\bar{x}_s$ で表し、混合前の CV 値を $\sigma_0/\bar{x}_c$ とすると混合時間（分）と CV 値の関係は図 137 のようになる。図 137 は Nauta Mixer や Container Blender のデータであるが製造規格を満たす $\bar{x}_s \pm 3\sigma_s = \bar{x}_s \pm 10\%$ のためには $\pm 3\sigma_s = \pm 10\%$ と見れば図 137 のように $\sigma_s/\bar{x}_s = 3.3\%$ に当たり Nauta Mixer なら 2 分間、Container Blender でも 6 分間の混合で良いことがわかる。実際、混合のみで混合粉体製品を製造する場合はデータのバラツキも考

4 原料混合・混練

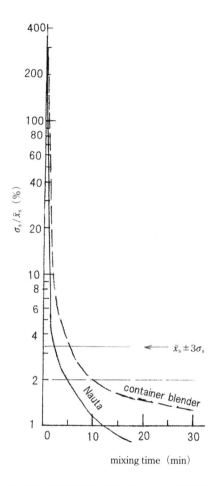

図137 混合時間と混合度 $\sigma_s/\bar{x}_s$ の関係 [15]

慮して混合時間を15分と余裕を見ることが多い。造粒の場合，連続式造粒は別にして回分式造粒機では原料粉体の混合時間は2〜3分取ることが多い。

図137はサンプル数が7ヶ所から採取したデータであるが，十分実用的に問題ないと考えられる。粉体工学便覧では15〜20ヶ所からのサンプリングを推奨しているが，実際の生産工場規模では15〜20ヶ所からのサンプリングはかなり難しい。筆者の経験では実際の生産工場での検証実験において7〜10ヶ所からのサンプリングで十分と考えられる結果を得た。

一般に，造粒工程では連続式の場合は各原料の計量の後の輸送工程や粉砕工程，Flexiomix等を用いた混練工程で原料が混合され，改めて混合工程を設けることはない。また撹拌造粒機や流動造粒機は回分式のことが多いが，これらも造粒前に仕込んだ原料を撹拌したり，流動させることで原料を混合している。しかし配合割合が3%以下のような微量成分は造粒前の混合だけでは

第 3 章　造粒プロセス関連技術

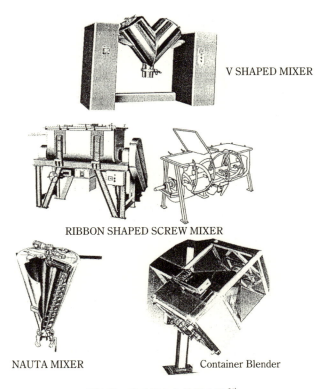

図 138　良く使われる混合機[21]

成分の偏りが心配されるので別途，予備混合を行う必要があると考えられる。その際の混合機としては図 138 のような装置が用いられる。一般には図 138 の左下の NAUTA・MIXER が用いられることが多い。小規模の製造では図 138 右上の V SHAPED MIXER や RIBBON SHAPED SCREW MIXER が用いられる。混合した原料は混合機から排出する時に成分の偏析が起こりやすいので NAUTA・MIXER や RIBBON SHAPED SCREW MIXER のような混合機では混合機を作動させながら排出すると良い。V SHAPED MIXER では混合機を作動させながらの排出は無理なので，できるだけ素早く，できれば 500 kg を 4 分以内に排出しきる位の早さで排出することが望ましい。また図 138 の右下の Container Blender は造粒ではあまり使われないが，粉体に多品種少量生産では品種切り替え時の混合機洗浄の手間がかかるので金属のコンテナー・ボックスを回転させて混合することが多い。この金属のコンテナー・ボックスは自動洗浄が可能なので品種切替時設備洗浄のための運転停止時間が少なくて済む。この Container Blender においても混合粉体を排出する時に偏析が起こりやすいので，500 kg を 4 分以内に排出する位のイメージで混合原料を素早く排出するのが良いと考える。

　混合粉体のサンプリングは粉体層の表面からのサンプリングは問題ないが，粉体層の内部からサンプリングする場合は図 139 に示した器具が使われる。図 139 の一番上の器具は，粉体層に

4 原料混合・混練

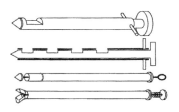

図 139 粉体サンプリング器具[2]

差し込むときは左端の開口部を右端の横棒を捻ることで蓋を閉じ，粉体層の中で右端の横棒を挿入時とは逆方向に捻ると粉体層の中でサンプリング口が開き，粉が開口部から器具内に入る。その後，器具右端の横棒を開口部の蓋が閉まる方向に捻ると開口部が閉じられ，器具を引き抜くことで粉体層の奥の粉体がサンプリングできる。同様に上から 3 番目の器具は，器具の右端のリングを引いた状態で開口部を閉じて粉体層に差し込み，器具の右端のリングを押すと左端の開口部が開き，粉体層の中の粉体が開口部に流れ込む。その後，器具の右端のリングを引けば開口部が閉じ粉体層の奥からサンプリングできる。

混合工程では混合した成分の偏析が問題になることが多い。多くの場合，混合直後の混合機内では十分混合されているが混合機からの排出の時に偏析が発生しやすい。筆者の経験では，500 kg の混合物を 4 分以上かけてゆっくり排出すると流れやすい大粒の成分から先に流れ出し，小粒の成分が混合機中に残りやすい。したがって先に述べたように 500 kg を 4 分以内に排出するようにすると排出時の成分の偏析が防げる。また原料成分の粒径の差が大小で 3 倍以上違うと非常に成分の偏析が起こりやすい点にも配慮が必要である。したがって，できるだけ混合する成分の粒度を近づけることが大切である。また比重差のあるモノも偏析しやすいので注意が必要である。

4.2 混練技術

押出造粒のような湿式造粒においては造粒前に混合された原料粉体にバインダを添加し混練する必要がある。混練の方法としては連続ニーダーやパドル・ミキサーが考えられるが，これらの装置では局所的にバインダを多く含む湿ダマが 5 mmφ 大程度までにしか小さくできず水分が高めの 5 mmφ 大の湿ダマが残る。筆者の経験では，この混練を撹拌造粒の項で紹介した連続式撹拌造粒機 Flexiomix を用いて行うと，1〜2 秒の短時間で粉体原料にバインダを混合混練でき，多めにバインダを含む湿ダマが 1 mmφ 以下になった。

一方，撹拌造粒，流動造粒ではバインダ添加前に 3〜5 分撹拌または流動させることで原料粉体は均一混合でき，撹拌造粒ではバインダ添加後 3〜5 分の撹拌混練で造粒できることが多い。また流動造粒においては 20〜40 分程度バインダを噴霧しながらの流動でバインダを均一添加できるので，混練とは言わないが原料粉体にバインダを均一に混合できる。

撹拌造粒機へのバインダの添加混練では，二流体ノズルを用いてスプレーで添加した場合と

第3章　造粒プロセス関連技術

10 kg/min 程度の速度で滴下した場合を比較したが，造粒の収率や造粒品の粒子径に差が見られなかった。そのため筆者はスプレーによる添加を止めて滴下にした経験がある。また連続式の押出造粒機のバインダ添加も，連続ニーダーでスプレー方式と滴下方式を比較したが大きな差は見られなかった。連続ニーダーを Flexiomix に変更した時は Flexiomix のバインダ添加がスプレー方式であったが，混練結果の原料中の湿ダマが 1 mmφ 程度と連続ニーダーの 5 mmφ に比べ良好であった。

5　原料粉砕技術

5.1　粉砕機の種類

良く使われる粉砕機の例を表26に示した。この中で食品製造に良く使われるのは破砕機（ハンマークラッシャ），ロールミル，ハンマミル，ケージミル，ピンミル，ディスインテグレーター，スクリーンミル（パルベザイザー，アトマイザー），ターボ型ミル，遠心分級型ミル，ジェット粉砕機，コロイドミル等である。

単に粉砕と称しても業界によって，その品質への影響が異なる。その例として食品について医薬品と比較して考えてみる。医薬品では主原料，賦形剤，結合剤，滑沢剤等の添加剤を加えて混合，粉砕，造粒し流動性，圧密性，適度な可塑性を持たせ，打錠など圧縮成形をやり易くする。しかし最近では打錠機の性能が改善され打錠前の造粒の必要性は医薬品，食品ともに少なくなった。

5.2　粉砕の目的

粉砕は固形原料を衝撃，圧縮，摩擦等の機械的外力を加えて粒子を小さくする操作であり，その目的は

① 溶解し易くする
② 難水溶性原料の経口吸収性を高める（口溶け性の改善）
③ 他の原料と粒子径を合わせ偏析しにくくする（特に粉体混合製品に有効）
④ 造粒し易くする
⑤ 顆粒の素粒子を小さくし粒表面をきめ細かくする
⑥ 打錠時の成形性を高める

等であるが，粉砕物の粒度により呼び方が食品業界と医薬業界では表27のように多少異なる。粉砕操作で注意を要することは，細かくすればするほど粉砕物の品温が上昇する。また原料の比表面積が増えて有効成分の熱劣化，酸化劣化，光による劣化等品質について心配されることが増える。粒子が細かくなることで比表面積が増加し食品のフレーバーは確実に酸化劣化される。

また原料によっては結晶水を放出し，他の原料と反応して粉砕機内部に付着が発生して製造が困難になることもある。これらは研究開発段階の実験の観察でわかることが多いので製造段階に

5 原料粉砕技術

表26 粉砕機の分類[2)]

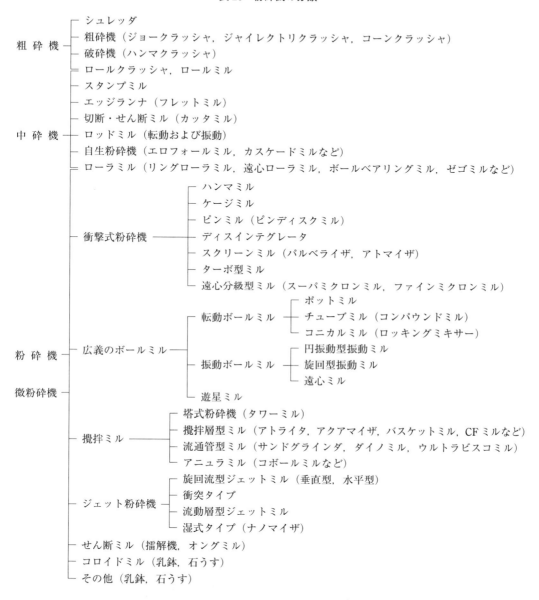

表27 粉砕物の粒子径の呼び方[2)]

粉砕物の粒子径	呼び方	
	医薬	食品
300〜500 μm	解砕	粗砕／中砕
50〜100	粗砕	微粉砕
10〜50	中砕	微粉砕
5〜10	微粉砕	超微粉砕
1〜5	超微粉砕	超微粉砕

第3章　造粒プロセス関連技術

移行する前に発見し対策を講じることが大切である。

5.3　食品造粒で用いられる粉砕機

　食品の造粒工程で良く使われる粉砕機を図140と図141に示した。鰹節のような大きな塊を粉砕するハンマークラッシャーのような機械を使うと粉砕物が加熱され原料の風味を損なうので，図141の上のROTARY CUTTER MILLを用いると，原料を叩き割る場合に比べ原料をカッターで削る方式のため原料が加熱されにくい。この設備は食品以外ではプラスチックの粉砕に良く使われる。さらに鰹節の塊はROTARY CUTTER MILLで5 mm大に砕かれた後，造粒の原料に供するため図140の右下に示すMicro jet pulverizerを用いて0.5～1 mm大にする。この設備は装置内に冷風を吹き込みながら回転する平板の羽根と縦に溝の付いたステーターとの間で粉砕するので，原料の品温がさほど上昇せず原料の香り，風味が維持される。

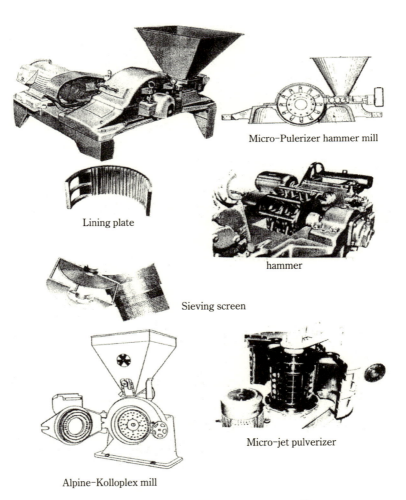

図140　微粉砕機と粗砕機（ブレードミル）[21]

5 原料粉砕技術

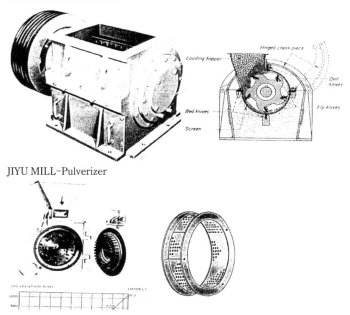

図 141　粗砕機と微粉砕機（自由粉砕機）[21]

　造粒工程での原料の粉砕は撹拌造粒機においては，撹拌造粒機の項で述べたように原料を細かく粉砕しすぎると造粒品の一部が大きくなり過ぎ希望する粒度の製品の収量が少なくなる。原料の平均子径は 90 μm 程度であるが，押出造粒機，転動造粒機，流動造粒機，複合型造粒機，圧縮造粒機においては 50〜60 μm 程度の粉砕の方が造粒しやすい。そのため図 140 上に示した Micro-Pulverizer hammer mill や図 141 の下に示した JIYU MILL-Pulverizer が用いられる。

　図 140 の左下の Alpine-Kolloplex mill は通称ピンミルと呼ばれており粉砕品の平均粒子径が 20 μm 程度となることを狙いとしている。筆者はこのタイプの粉砕機を造粒品の原料粉砕には使用しなかったが，液体だしのプラントを担当した時に粉砕品の要求仕様が 20 μm であったためこのタイプの粉砕機を採用した経験がある。

　このタイプの粉砕機は高速回転で 110 デシベルを超える運転音を発するので，小さな小屋の中に収納しオペレーターが立ち上げる時は耳栓が必要であった。

5.4　粉塵爆発の問題

　粉塵爆発が心配される原料については，粉砕機にアースを付けたり窒素等不活性ガスの雰囲気下で粉砕することの検討が必要である。

　粉塵爆発の危険性は取り扱う粉体によって異なるが，この危険性を良く理解しておくことが造粒プラントの設計や運転管理では大切である。事故を起こすとお金では償いきれないこともあ

る。粉塵爆発は材料の違いによる部分が多いが，一般に材料の発火温度，最小着火エネルギー，粉塵濃度，酸素濃度，水分の存在等で，その危険性は大きく異なり定量的に表しにくいが，次のような表示方法をアメリカの鉱山局が採用している。

発火しやすさ（ignition sensitivity）
$$= \frac{炭塵の（最小発火エネルギー）×（爆発下限濃度）×（発火温度）}{試料粉塵の（最小発火エネルギー）×（爆発下限濃度）×（発火温度）}$$

爆発の激しさ（explosion severity）
$$= \frac{試料粉塵の（最大圧力）×（最大圧力上昇速度）}{炭塵の（最大圧力）×（最大圧力上昇速度）}$$

爆発指数（index of explosibility）＝（発火しやすさ）×（爆発の激しさ）

この指標によると
1. 極めて強い爆発 ＞10 ・・・・・木炭，セラック
2. 強い爆発   1.0〜10 ・・・コルク
3. 中くらいの爆発 0.1〜1.0
4. 弱い爆発   ＜0.1

なかなか定量化しにくいので心配な時は専門機関（大学の安全工学科等）に評価してもらうと良い。筆者のテストデータでは食品粉体が中心であるが次のようなモノがある。

① 極めて危険でガス並の対策が必要
　グラニュー糖100メッシュ以下，DL-アラニン，DL-メチオニン，デキストリン，L-バリン
② 危険性大，対策を要する
　乳糖，ホワイトペッパー，L-アルギニン，L-スレオニン，L-シスチン
③ 温度上昇時，着火源あると危険
　鰹節粉，グリシン，スキムミルク
④ 危険性低いが爆発の可能性あり
　L-アスパラギン酸ソーダ，野菜エキスパウダー，L-グルタミン酸
⑤ 爆発の危険なし
　クエン酸3ソーダ，MSG，硫酸マグネシウム，リン酸1カリウム，ヒスチジン

この粉塵爆発の危険を回避する方法としては粉砕工程も含め全体的に考えることが必要であり，それには次のようなモノが挙げられる。

① バックフィルター等危険箇所にアースを付ける（アース線の間隔は3 cm以下）
② モーター類を防爆タイプか状況により安全増しタイプにする
③ バックフィルター，フレキシブルチューブ等は帯電しにくい材質を選ぶ
④ 粉塵爆発を抑制する材料の混合，例えば食品では食塩を5〜30％混合すると危険性が最低レベルに下がる。静電気除去装置の活用も有効である。

5.5 粉砕機のスケールアップの問題

押出造粒，流動造粒，転動造粒，圧縮造粒においては50〜500 μm の原料粉体を30〜60 μm 程度まで粉砕して400〜1,000 μm の造粒品を製造することが多かった。しかし撹拌造粒においては原料を細かく粉砕すると製品の収率が低下するので50〜500 μm の原料を平均粒子径にして90 μm 程度とすることが多かった。押出造粒においても原料粉砕品の粒度を30 μm 程度にすると製品顆粒の表面は緻密になり外観的には綺麗な粒が得られるが，鰹節粉末のような香味成分は原料粒子を細かくし過ぎると原料の比表面積が大きくなり，空気中の酸素により香味成分が劣化するので，造粒前の粉砕原料の粒度は平均粒子径にして60 μm 程度の方が好ましいと考える。

原料粉砕においてはスケールアップの前後で粉砕原料の粒子径に大きな差があり粉砕機のハンマーの回転数等で制御が必要である。その例を紹介すると，一般に粉砕に要する仕事量（E）と粒子径（D）の関係は，

$$-dD/dE = kD^n$$

で表され，$n = 1$，1.5，2として積分し，

$n = 1$ では，　　$E = k_k \log(D_1/D_2)$ ・・・・・・・・Kick の法則
$n = 1.5$ では，$E = k_B(1/\sqrt{D_2} - 1/\sqrt{D_1})$ ・・・Bond の法則
$n = 2$ では，　　$E = k_R(1/D_2 - 1/D_1)$ ・・・・・Rittingaer の法則

で表せる。ここで k_k，k_B，k_R は粉砕機と粉砕物によって定まる定数である。

例題で確認してみる。同じ原料を能力の異なる2基の粉砕機で粉砕した時，どの法則が最も実際の現象に近いか評価して見ると，

大型機：1.5 t/H，3000 v，空転時 5 A，負荷時 8 A，$D_1 = 400$ μm　$D_2 = 23$ μm
　理論動力 $P = \sqrt{3} \times 3 \times (8 - 5) \times \cos\Psi$
　　　　　　　$= \sqrt{3} \times 3 \times (8 - 5) \times 0.9$　　（$\cos\Psi$ はモーターの力率）
　　　　　　　$= 14.03$ kW

小型機：1.15 t/H，220 v，空転時 10 A，負荷時 19 A　　$D_1 = 400$ μm，$D_2 = 58$ μm
　理論動力 $P = \sqrt{3} \times 0.22 \times (19 - 10) \times \cos\Psi$
　　　　　　　$= \sqrt{3} \times 0.22 \times (19 - 10) \times 0.9$　　（$\cos\Psi$ はモーターの力率）
　　　　　　　$= 3.09$ kW

　大型機の仕事量 $E = 14.03 / 1.5 = 9.35$ kW・H/t　　$k_R = 228$，$k_B = 59$，$k_k = 7.54$
　小型機の仕事量 $E = 3.09 / 1.15 = 2.69$ kW・H/t　　$k_R = 182.5$，$k_B = 33.09$，$k_k = 3.207$

この結果，この粉砕機と粉砕物の組み合わせでは Rittinger の法則が最も近い。そこで大きい方の粉砕機の最大処理能力を予測すると

第3章 造粒プロセス関連技術

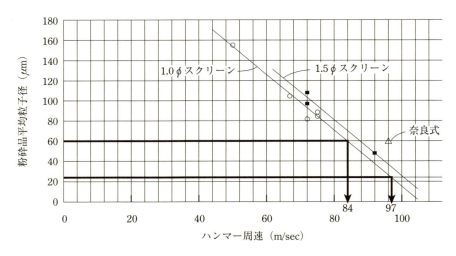

図142 粉砕機のハンマー周速(m/sec)と粉砕品平均粒子径 d_{50}(μm)

$d_{50}=23\,\mu$m は周速 97 m/sec の時,$d_{50}=60\,\mu$m にするには,周速を 84 m/sec(2,990 rpm)に減速する必要がある。

$$k_R = 228,\quad E = P(\max)/\text{Feed} = 228\,|\,1/400 - 1/23\,| = 9.35$$
$$P(\max) = \sqrt{3}\times 3\times(9.5-5)\times\cos\Psi = \sqrt{3}\times 3\times(9.5-5)\times 0.9 = 21.04$$
$$\therefore F(\max) = 21.04/9.35 = 2.25\ \text{t/H}$$

しかし粉砕品の粒度 D_2 は大型機 $D_2 = 23\,\mu$m,小型機 $D_2 = 58\,\mu$m と大型機が細かくなり過ぎており運転条件の調整が必要である。

そのためには図142に示したように $D_2 = 23\,\mu$m の時のハンマー周速 97 m/sec から $D_2 = 60\,\mu$m 程度になるハンマー周速 84 m/sec になるようにパルベライザーのハンマーの回転数を $N = 3,450$ rpm(周速 97 m/sec)から $N = 2,990$ rpm(周速 84 m/sec)に減速する必要がある。

5.6 粉砕工程のトラブルと対策

粉砕工程のトラブルと対策としては次のようなモノがある。

①水分の原料は単独粉砕ができない。例えば水分13%の原料は単品で粉砕するとハンマーやスクリーンに付着し,その抵抗でハンマーが停止する。また水分が多いほど粉砕に要する動力が大きくなる。一例を挙げると,水分13%のような高水分の原料は混合可能な低水分(例えば水分1%)の原料と1:1で混合するなどしてから粉砕する。

②硬度の差のある原料が複数混合されたものを粉砕すると,硬度の高い原料が粉砕されにくく粉砕原料中に粗粒は硬度の高い原料が残る。造粒では混合されて造粒されるので大きな問題は生じないが,粉体を単純に混ぜ合わせた粉体製品では粗粒の成分が偏析する心配がある。そこで食塩など硬い原料を含む時は先に述べたように混合機からの混合品の排出について,500 kg を 4

6 乾燥技術

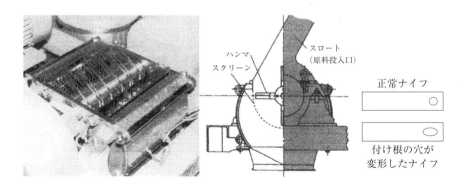

図143　左：粉砕機の内部の写真，右：粉砕機の構造の説明図
右図で正常なナイフ型ハンマー（上）と付け根の孔が楕円形に変形したナイフ．

分以内に排出するなど偏析防止の配慮が必要である．

③結晶水を含む原料は要注意である．粉砕機の中で結晶水を放出し他の原料を湿らせて，粉砕機のスクリーンの目を塞ぎハンマーの回転を停止させる危険がある．

④粉砕機は3,000 rpm前後で高速回転する設備のため，潤滑油を切らすと軸受部でのシャフトの焼き付きなどトラブルの原因になる．筆者はこのトラブルでシャフトがねじ切れてプーリーが高速で吹っ飛んだ経験がある．もしオペレーターが居合わせたら人身事故も考えられた恐ろしい事故である．定期的に巡回監視するなど潤滑油の状態に注意が必要である．

⑤粉砕機のナイフ型ハンマーがスクリーンに接触して金属の切粉を発生させて，その切り屑が製品に混入したトラブルの経験がある．図143のようにナイフ型ハンマーの付け根の孔が長時間の使用で塑性変形し長穴となりナイフが伸びる形でスクリーンに接触して切り屑を発生させた．

このトラブルの処置では，スクリーンがステンレス製で細かな切り屑のため磁石や金属探知機で100％除去することが不可能であり，製品10トンを全量破棄した．設備の対策としては毎日製造終了後ハンマーとスクリーンの点検を行い，傷がついていないことの確認を行うことにした．オペレーターが点検し記録を残す．それを職場の責任者が確認して確認印を押す体制を確立した．また年間1回工務部などの専門家の設備点検を受けることとした．

6　乾燥技術

乾燥工程は湿式造粒工程では必須のプロセスである．乾燥機の種類は通気棚段乾燥機，ロータリードライヤー，フラッシュドライヤー，溝形撹拌乾燥機，流動層乾燥機，通気バンド乾燥機等があるが，造粒工程の乾燥機としては流動層乾燥機が一般的である．小規模の押出造粒工程では多少塊になっても，乾燥後に解せば85％以上が一粒一粒の顆粒になるので棚段乾燥機やバンド乾燥機が実際の製造工程でも採用されている例がある．しかし乾燥後に塊を解す時に微粉になる

第3章　造粒プロセス関連技術

比率が流動層乾燥機に比べて多く，再度バインダを加えて造粒する量が多い。筆者の経験では，この再度造粒する微粉の比率が20％以上になると味，風味など品質への影響が大きくなる。

これら乾燥機の例を図144に示した。これらの乾燥機と造粒工程の関連を説明すると次のようになる。

①棚段乾燥機

　図144（a）のような乾燥機で設備投資は安いが造粒物の乾燥品がオコシのように固まりやすい。少量の試生産なら使えるが，本格生産では商品として販売するには外観など品質面で問題が多く収率も低いので，押出造粒品の少量生産以外は採用されることはない。

②通気バンド乾燥機

　図144（g）のような乾燥機で棚段式より能率は良いが品質，収率の点で好ましくないが押出造粒の小規模生産では使われている例がある。

③流動層乾燥機

　一般に造粒品の乾燥によく使われる。図144（e），（f）のように回分式と連続式がある。品質面では問題ないが熱効率はあまり良くない。回分式に比べ連続式は原料の乾燥機内における滞留時間分布が広く，回分式の場合の約2倍の滞留時間を設定しないと造粒品が十分乾燥しない危険がある。

④振動流動層乾燥機

　イメージは連続流動層乾燥機と同じであるが流動層の底面が振動コンベヤーのようになっている。乾燥機のため輸送速度は極めて遅いが，この振動により造粒品が流動するので乾燥に使う熱風の量は少なくて済み熱効率は良い。しかし流動層底面の目皿板の開口比や孔の形と振動数の調節を工夫しないと目皿板の下に微粉がこぼれ洗浄が大変である。

⑤ロータリードライヤー

　図144（b）食品ではコーンジャームの乾燥に使われていた例は見たことがあるが，その他の食品製造工程にはほとんど使われない。特に造粒品の乾燥には顆粒の破損が心配され使われた例は少ない。食品以外で主に排水処理の汚泥の乾燥に使われることが多い。

⑥フラッシュドライヤー

　図144（c）のように熱風で空気輸送しながら乾燥する設備で澱粉工場で澱粉の乾燥によく使われるが造粒品の乾燥には顆粒の破損が心配され使われた例はない。

⑦溝形撹拌乾燥機

　構造は図144（d）であるが顆粒の破損が心配され造粒品の乾燥では使われた例はない。

6 乾燥技術

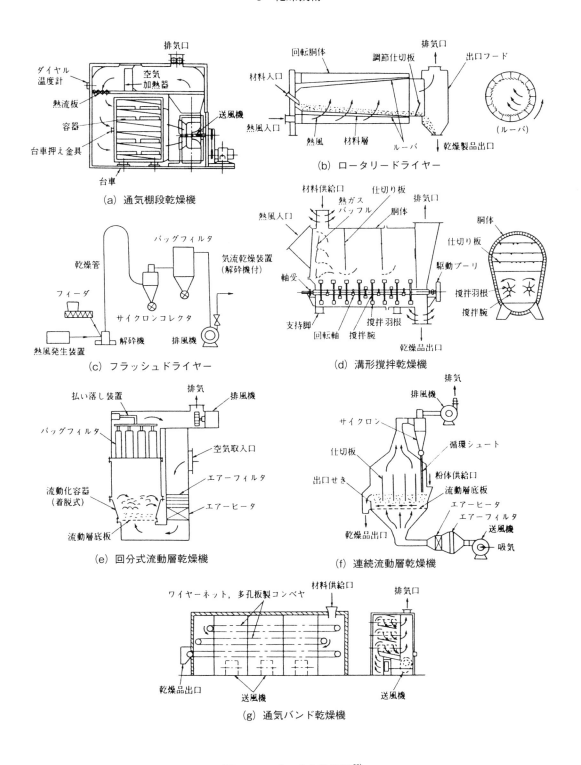

図144 いろいろな乾燥機[23]

第3章　造粒プロセス関連技術

7　篩分技術

　造粒工程においてはバインダ添加量の加減等で製品顆粒の大きさをコントロールするが，均一なサイズにすることは難しくサイズはどうしても大小さまざまな粒子径になる。そこで実際の製造工程では篩分工程を設けて 300～1,400 μm や 500～1,000 μm の部分を製品とする。したがって製品の造粒収率はこの範囲の粒度になる率をできるだけ多くするようにバインダの添加量，その他運転条件を加減する。一般に篩分工程では 300～1,400 μm の製品の場合，300 μm 以下の微粉は再度造粒工程に戻して再造粒するリサイクルを行う。また 1,400 μm 以上の大粒（ダマと呼ぶことが多い）は次の項で説明する解砕工程で粗砕し 300～1,400 μm となる 60％ほどをそのまま製品に混合して製品化する。ここで発生した 300 μm 以下は再度造粒し 1,400 μm 以上の大粒は再度解砕工程に回される。

　代表的な篩分機は四角いジャイロ型篩分機と円形の振動篩機がある。篩分効率はジャイロ型篩分機の方が良いが，ジャイロ型篩分機はジャイロ運動を支える頑丈な架台が必要なため大型工場では円形の振動篩機がよく使われる。

　また四角いジャイロ篩は網が破損した時，網の張り替えに熟練した技能が必要なため自工場での網の張り替えは難しい。さらに網のテンション・バランスを取るのが素人には難しい。しかし円形の網は少し慣れると素人でも網の張り替えが容易になる。円形のため網のテンション・バランスが取りやすいからである。この理由からも造粒工程では円形の振動篩機が多い。円形の振動篩機の振動数の調整は，篩の上蓋をオープンにして円形篩を振動させ円形篩の中央にトレーサーの紙片を落とした時，その紙片が振動しながら篩の面上を3回位旋回して排出されるように振動源の偏心錘の位置を合わせると篩分効率が良い。

　図145と図146にジャイロ型篩分機の例を，また図147と図148に振動篩機の例を示した。図146では2段3種型で粒子径の大きさを大，中，小に分けている。一般的な造粒工場では，

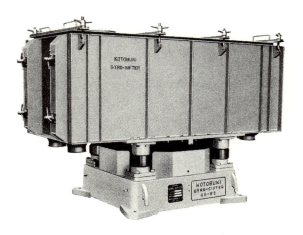

図145　ジャイロ型篩分機の外観[24]

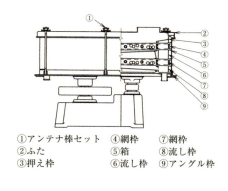

①アンテナ棒セット　④網枠　⑦網枠
②ふた　　　　　　　⑤箱　　⑧流し枠
③押え枠　　　　　　⑥流し枠　⑨アングル枠

図146　ジャイロ型篩分機の構造[24]

8 解砕技術

図147 振動篩機の外観[25]

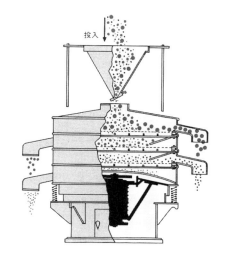

図148 振動篩機の構造図[25]

中が製品区分で大が解砕工程に回される塊（通称：ダマ）であり，小は再度造粒工程に送られる微粉区分である。

図148の振動篩機はカタログの都合で3段4種である。筆者もこのタイプは使用したことがあるが最上段の大が塊（ダマ）の分離で2段目の中にあたる区分が製品区分である。3段目は微粉であるが，この微粉中の比較的大粒の製品を分離し，造粒品とは認めがたい本当の微粉（量は僅かだが）のみを分離するために4段目を付けた例はある。手間が掛かる割にはメリットが少なく多くは2段3種である。

8 解砕技術

撹拌造粒や転動造粒，圧縮造粒等では，ほとんどの場合，希望の粒子より大きな粒子の塊（いわゆるダマ）が発生する。通常は製品の収量向上のため，これを砕いて再度篩にかけ所定の粒度のモノを製品に混ぜて製品にする。これを解砕工程と呼んでいる。細かく砕いて再度造粒する手もあるが品質，生産性など考えると得策ではない。できるだけ多くを解砕後製品に混入させたい。この解砕工程は撹拌造粒のような湿式造粒に限らずローラーコンパクターによる解砕造粒でも考えられる。

そこで，1回の解砕で発生する微粉の量をできるだけ少なくして製品として回収できる量を多くするため，解砕機の選定や，その運転条件の検討が大切である。ここでは良く使われる解砕機としてスピードミルを図149に示した。また筆者の経験で比較的微粉の発生量が少なかったクワドロ・コーミルを図150に示した。

またこれらの性能試験を行った例を図151に示した。性能試験前のイメージでは解砕羽根の

第3章 造粒プロセス関連技術

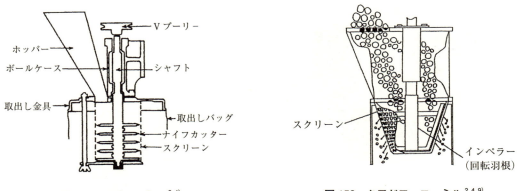

図149 スピードミル[2,4]　　　　図150 クワドロ・コーミル[2,4,9]

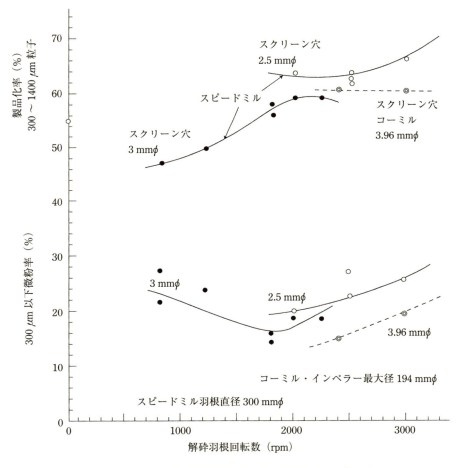

図151 解砕羽根の回転数と解砕品の製品区分／微粉区分

8　解砕技術

回転数を大きくすると微粉が多く発生しそうに思えたが，結果は逆で解砕羽根の回転を速くする方が微粉の発生が少なく，希望する粒度の製品区分が多く取れることがわかった。

　図 151 では，スピードミルの製品区分が解砕羽根の回転数 2,000 rpm で製品区分が 60％近くになり微粉区分が 18％程度と，先の説明の裏付けとなる。

　一方，クワドロ・コーミルについては 2,500 rpm 付近で製品区分が 63％程度となり，微粉区分も 15％程度となっており，クワドロ・コーミルは微粉区分が少なく製品区分が多いことを示している。

　スピードミルのメカニズムとしては，解砕原料の解砕機内の滞留時間が短い方が微粉の発生を少なく解砕できるので，解砕羽根の回転を速くして解砕の終わった原料を解砕機のバスケットから速く排出されるようにすることがポイントである。図 151 でわかるようにクワドロ・コーミルはスピードミルに比べて微粉の発生が少なく，希望する粒度の解砕物が多くなることを示している。

第4章

造粒機のスケールアップ

1 スケールアップの考え方

　粉体機器，装置のスケールアップはまだ発展途上にある。設備メーカーが行うスケールアップは単に設備規模が大きくなった時の撹拌動力等を予測する程度であり，さほど難しくない。

　しかし消費物の製造業においては，スケールアップに伴って製品の品質が変わっては意味がないのである。小規模の設備での品質，例えば嵩密度，顆粒の粒子径，粒度分布，食品では香り，味，風味などであり，生産性の視点では収率もあり筆者の経験では簡単にスケールアップできたことは一度もない。食品の味，香りなどはスケールアップ後の運転条件の工夫で1年くらいの試行錯誤の末にスケールアップ前と同等の品質を実現できたが，製品の嵩密度の違いや収率の違い等は実現できなかった。

　粉体の製造設備は液体の製造設備に比べ，理論式になかなか載らないことが多く，そのスケールアップは至難の業であり，10倍程度のスケールアップを繰り返して2〜3年かけて品質の再現を実現し，収率等の生産性は多少目をつぶって，せめて小規模の品質を維持しつつ量産することに目標を置くことが現実のスケールアップである。

　これまで先人が工夫してきたスケールアップの手法は，以下のようなものである。
① 相似性の原理：同じ形式の設備は多少品質の差はあっても似たような機能を発揮する。
　〔相似性の考え方〕
　　（1）幾何学的相似性（Geometrical Similarity）
　　（2）メカニズムの相似性（Mechanical Similarity）

第4章 造粒機のスケールアップ

　　（2－1）静的応力の相似性
　　（2－2）運動の相似性
　（3）力学的相似性
　（4）熱的相似性（Thermal Similarity）
　（5）化学的相似性（Chemical Similarity）
これらのうち（1）（2）（3）が関係することが多い。
〔幾何学的相似性の例〕
　流動層乾燥機で4倍のスケールアップの例
　p：パイロットスケール　c：コマーシャルスケールとして
　　流動層空筒速度　　$U_p = U_c$
　　流動層の直径　　　$D_c = 2 \times D_p$
　　流動層層厚　　$h_c/h_p \geqq 1$　一般に経験値として $h_c/h_p = 1.2 \sim 1.3$
〔メカニズムの相似性〕
　（a）静的応力の相似性
　　F：応力　L：代表長さ　E：モジュール
　　$F_c/F_p = EL^2$・・・具体例少ない
　（b）運動の相似性
　（c）力学的相似性
② 次元解析技術：流体では応用例が多いが粉体では少ない。ここでは液体の例を紹介する。液体の現象を中心に一定の数式モデルを作り，例えば，

　　スケールアップ後能力 ＝ 粘度^a×設備規模^b×流速^c×温度^d×スケールアップ前能力

を推定式として作り，実験の検証でa, b, c, dを決める。例として食品とは異なるが，ディーゼルエンジンの燃料噴射ノズルについての研究から，研究者のTurnerや石岡らは遠心型加圧ノズルについて，

　　液滴の大きさ：D_p（μm），ノズルの口径：d_e（mm），液流量：Q（L/H）
　　液の表面張力：σ（dyne/cm），液の粘度 μ（cp），渦巻室入口面積：α_i（mm^2）として
　　$D_p = K \times d_e^a \times \alpha_i^b \times Q^c \times \sigma^d \times \mu^e$

を仮定式とし実験でa, b, c, d, eを次の式から求めた。

　　$D_p = 98.4 \times d_e^{1.35} \times \alpha_i^1 \times Q^{-1} \times \sigma^{0.62} \times \mu^{0.26}$

この式は実際の噴霧乾燥機のノズルのスケールアップにおいて有効に利用できた。

2 スケールアップの実施例

　造粒技術は研究段階の実験から工場へのスケールアップが関心事である。スケールアップとは，どのような状態を言うのか良く考える必要がある。混合機の撹拌動力に着目すれば，化学工学の手法でコマーシャルスケールへのスケールアップの動力推定はさほど難しくはない。

　モノづくりにおけるスケールアップは，それほど単純ではない。動力だけスケールアップできても，スケールアップ後のコマーシャルスケールでパイロットスケールの品質が同じであることが要求される。筆者の長年の経験では粉体製造工場においては，ほとんどのケースでスケールアップ後のコマーシャルスケールで嵩密度，製品の粒子径，味，風味といった食品の品質がパイロットスケールと異なり，運転条件の工夫等で品質が同じになるように調節した。撹拌造粒ではスケールが大きくなるにつれて製品顆粒の収率が低下し，その原因と対策は未だに究明できていない。その例を紹介することで，品質を重視されるプラントにおけるスケールアップの難しさを理解していただきたい。

　実際の製造現場では少なくとも実験室スケールの品質が再現できなければ，装置だけが大きくなってもスケールアップとして認められない。したがって如何にして工場スケールで実験室スケールの品質が再現できるかが最大の課題となる。そのポイントは

① 実験室スケールのデータを基に設計した工場規模の装置が目標処理能力を達成している。
② 実験室での製品の品質が再現されている。例えば粒子径，顆粒強度，粒子の溶解性，粒度分布，嵩密度，食品の味，風味等。
③ 原料の粒度，バインダの質，バインダの添加量等，運転条件が実験室での結果を再現している。
④ 製品顆粒の収率等が実験室の結果を再現している。

　このように並べると，これらすべてを満足するスケールアップは未だかつて実現できていない。

　これは粉体が不連続系で数式に載りにくいのが原因であり，周囲の温度，湿度などの影響や原料の品質の変化等の影響を受けやすいことも大きな原因となっている。したがって，スケールアップ後の試運転で運転条件を調節することで製品の品質を実験室レベルに近づけることが現実的な対応である。

　製品顆粒の収率までは再現は難しく一般に経験則として10倍則と言われ，運転条件で調整しつつ 5 kg/B → 50 kg/B → 500 kg/B と考えられており，スケールアップ毎に，運転条件を調整しつつ実験室レベルの品質再現を指標にスケールアップを行う。筆者の経験では10倍スケールアップ毎に，品質を再現する運転条件の模索に1年間程度の時間を要した。

　その実施例を次に紹介する。

第4章 造粒機のスケールアップ

2.1 押出造粒機のスケールアップ実施例

バスケット型押出造粒機の例では押出面積に比例して処理能力は増加するが，造粒機のサイズが大きくなるにつれて顆粒の嵩密度が大きく（その逆数の粗比容は小さく）なり実験室の再現はできなかった。

  バスケット直径 100 mm；HG-100（流量 70 kg/H）：顆粒粗比容 1.7～1.8 ml/g
       300 mm；HG-300（流量 350 kg/H）：顆粒粗比容 1.6～1.7
       400 mm；HG-400（流量 700 kg/H）：顆粒粗比容 1.5～1.6

以上のように原料の流量は HG-100：HG-300：HG-400 ＝ 1：5：10 であり，バスケットの面積に比例しているが，製品顆粒の粗比容が異なる。製造にあたり，包装容器は製造に使う実機 HG-400 のデータがないと設計できない。実験機 HG-100 のデータが使えないのでスケールアップの結果の予測は不可能であり，実機での製造結果がでるまで包装容器の設計ができないことになる。

これは造粒時の原料の温度が影響していると考えられる。造粒品の温度は HG-100 が 40℃，HG-300 が 50℃，HG-400 が 60℃であるからと考えられる。この検証実験では押出羽根の回転時の周速は同一に調整した結果である。

このように HG-100 から一気に HG-400 の結果が予測できない，即ちスケールアップが理論的にできないことを示している。

ここで HG-100 の役目は原料毎のおおよその造粒の可能性の評価とスケールアップした時のバインダの種類，バインダの添加量，顆粒サイズの可能性など製造条件のあらましを検討する用途である。HG-300 や HG-400 は製造の規模によりそれぞれを何台使うのか決めることになる。

押出造粒機でもツインドームグランのように造粒時の造粒品の品温が上昇しにくい押出造粒機では，小型機から大型機へのスケールアップはバスケットにあたるスクリーンの面積比例でスケールアップできると考えられるが，実績がないので説明は推定に留める。

2.2 撹拌造粒機のスケールアップ実施例

撹拌造粒機の例では撹拌羽根の周速を一定にしてスケールアップできるが，撹拌時間は造粒機に原料を仕込んだ時の粉体層の深さに比例して長くすることで，顆粒の大きさや嵩密度が同じになるよう調節ができる。その実施例を図152に示した。3 kg 仕込みの実験機で混練時間が 1 min だった結果から，265～320 kg 仕込みの生産機で同様の平均粒子径の製品を得るためには，混練時間は粉体層の深さ比例で 4.7～5.5 min で良いことがわかった。

製品顆粒の 1 pass 収率（仕込んだ原料に対する製品顆粒の量）は 3 kg/B では 85％であった。しかし 500 kg/B 仕込みでの 1 pass 収率は 60～70％とスケールアップで顆粒の収率が低下した。3 kg/B の実験機でこの収率が最高になるバインダの添加率を求めて 500 kg/B のバインダの添加率を決めた。このバインダの添加率で確かに 500 kg/B でも 1 pass 収率が最大になることが確認できたが 1 pass 収率は 60～70％であった。そこで運転条件をいろいろ検討したが顆粒の収

2 スケールアップの実施例

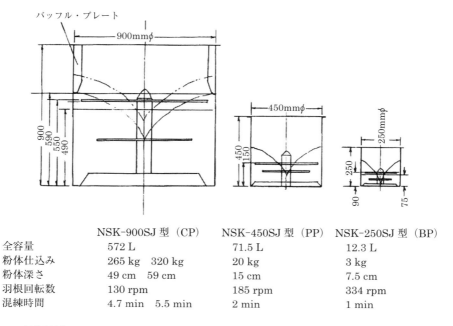

	NSK-900SJ型（CP）	NSK-450SJ型（PP）	NSK-250SJ型（BP）
全容量	572 L	71.5 L	12.3 L
粉体仕込み	265 kg　320 kg	20 kg	3 kg
粉体深さ	49 cm　59 cm	15 cm	7.5 cm
羽根回転数	130 rpm	185 rpm	334 rpm
混練時間	4.7 min　5.5 min	2 min	1 min

$$\frac{\text{NSK-900 粉体層厚}=49\text{ cm}}{\text{NSK-250 粉体層厚}=7.5\text{ cm}} \times \frac{\text{NSK-250 羽根周速}=\pi\times 0.25\text{ m}\times 334\text{ rpm}}{\text{NSK-900 羽根周速}=\pi\times 0.9\text{ m}\times 130\text{ rpm}} \times 1\text{ min} \fallingdotseq 4.7\text{ min}$$

図152　スピードニーダー型撹拌造粒機スケールアップ時の混練時間の設定例[4]

率は最高で70%であった。この収率の低下の原因は未だ解明できていない。

2.3 噴霧乾燥機のスケールアップの問題点

　噴霧乾燥機のスケールアップでは製品の粒子径が乾燥時間の長くできない実験機では小さく，実機では多少大きくできるが噴霧した液滴が大きすぎると乾燥不十分のまま乾燥塔の壁面に付着するため限界があり，表28に示したように乾燥時間が1秒程度しか取れない実験室の小型スプレードライヤーでは液滴が5～10 μmで乾燥粉末は3～7 μmにしかならない。これは筆者が経験した多くの食品原料は噴霧液滴を乾燥すると液滴が収縮して70%程度の大きさになることがわかっており，その事実から推定したのが表28である。表28のベースは噴霧乾燥機の設備メーカーが噴霧乾燥機の設計に使う条件として，100 μmの液滴に対して乾燥時間を15秒とるとのことであり，筆者の10品種ほどの検証データでも100 μmの液滴の実際の乾燥時間は10～12秒であった。

　そこで表28は100 μmの液滴を基準に小さい粒子ほど比表面積が大きくなることを想定して理論計算したものであるが，実態を良く表していると考える。したがって噴霧乾燥機のスケールアップは，この表を用いてある程度行うことができると考える。ただし未乾燥で塔壁に付着することを予測して設計することになるが，液滴径100 μm以上に大きくすると乾燥時間を長く取

表 28　液滴の大きさと噴霧乾燥時間[11]

液滴径 D_1 (μ)	比表面積比 (D_1^2/D_1^3)	製品粒子径 D_2 (μ)	乾燥時間 (sec)
100	1	70	15
50	2	35	7.5
30	3.33	21	4.5
20	5	14	3
10	10	7	1.5
5	20	3.5	0.75

乾燥温度：150～200℃，乾燥製品粒子径 $D_2 = 0.7 \times$ 液滴径 D_1

らねばならないことや塔壁への付着も考えると難しい設計になると考える。

第5章

バインダの活用法

1 バインダ選定の考え方

　造粒に必要な原料以外は極力使わないことが原則である。基本的には乾燥工程で完全に蒸発して顆粒に成分として残らないか，多少残存しても水やエタノールのように人が食べても無害の物でなければならない。

　バインダの検討にあたっては造粒のメカニズムについて知る必要がある。造粒の現象の中でのバインダの役割を理解しておくとバインダの適確な選定ができる。

　以下，造粒のメカニズムの項でも説明したが押出造粒のようにスケールの差や運転条件の違いで品温が上昇すると，バインダの結着力以外に造粒物母体の原料の一部が溶解してバインダの働きをするので，加えたバインダの量や質だけでは判断できない現象が起こることがあるので要注意である。湿式造粒においては粒子間液体による結合力が関与していると考えられる。粒子間の液体架橋量（固-液の充填率）が多いほど粒子間の結合力は大きくなる。造粒機内では加水と品温上昇により粉体の加水への溶解や結晶水の放出が起こり，原料の配合や原料成分の溶解度，結晶水含有量の違いにより系内の液体架橋率が大きく変わる。したがって糖類のように溶解度の大きな成分は造粒に大きく影響する。

　バインダの機能は日本粉体工業技術協会の造粒ハンドブック（オーム社）によれば次の3種，マトリックス型バインダ，フィルム型バインダ，反応型バインダの3種類が紹介されている。

第5章　バインダの活用法

1.1　マトリックス型バインダ

これは成形物の空隙を充填し粒子間を強く結合させる。一般に成形物の空隙は5〜10％前後なのでバインダの量はこの空隙を満たす量である。しかし、このマトリックス型は食品の造粒では当てはまらない。食品以外で例えば石炭のブリケッティングでは重量で約8％のピッチを必要とするが、比重の大きい鉱石では約3％の添加で済むことを考えると理解しやすい。

1.2　フィルム型バインダ

この形のバインダは液体である。成形後の乾燥で成形物の強度を増す。成形物の空隙率よりむしろ粒子の比表面積に依存する。一般に、粒状物の表面を十分濡らすためには2％（体積比）前後の溶液が必要である。微粒子や見かけ密度の低い比表面積の大きい木炭などでは10〜20％のバインダが必要になる。バインダとしては水などがその代表例である。

ここでマトリックス型バインダとフィルム型バインダは図153のようになる。この中でもマトリックス型は図153のように原料の粒と粒の隙間をバインダで埋め尽くす状態で、食品では見られないが廃棄物の造粒などではよく見られる。その他の一般的な造粒は図153のフィルム型が多い。原料の粒の表面をバインダのフィルムが覆い、このフィルム同士の結合で造粒が進行するメカニズムになっている。

1.3　反応型バインダ

バインダ成分間またはバインダと原料粉との間の化学反応に基づくもので水とポートランド・セメントのようなマトリックス型、CO_2とケイ酸ナトリウムのようなフィルム型のものがある。これも食品では全く見られない。

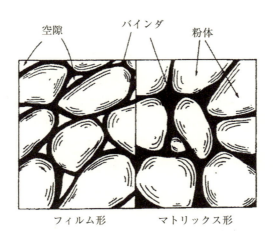

図153　フィルム型バインダとマトリックス型バインダの説明図[4,26]

2 バインダに要求される条件

製造する顆粒に適するバインダの要件を以下に列挙する。
(1) 顆粒の強さが必要最小限のバインダ量で得られること。
　(a) 粉体とバインダの濡れ性が良い
　(b) 添加量当たりの強さが大きい
(2) コストが安く安定価格である
　(a) 添加量当たりのコストが安い
　(b) 価格の変動が少ない
　(c) 供給が安定している
(3) 化学的，物理的な性質が安定している
　(a) 経時変化が少ない
　(b) 他の成分を吸着したり機能を破壊しない
　(c) 人体に有害でない
　(d) 吸湿性や潮解性がない
(4) 粘性を適度に調整できる
　(a) 粉体と混合，混練し易い
　(b) 溶媒に溶解し易い
　(c) 溶解しにくい場合エマルジョン化し易い
　(d) 添加剤が分散し易い
(5) 焼結等の傷害にならない（食品以外）
　(a) 低温で熱分解しうるもの
　(b) 顆粒強度や他の有用な性質を阻害しない
(6) 公害や作業環境を悪化させない（食品以外）
　(a) 有害成分を含まず有害ガスなどの発生がない
　(b) 廃棄後，有害成分を流出しない
(7) 造粒装置，混練装置に損耗を与えない（食品ではほとんど見かけない）
　(a) 摩耗性，腐食性のないこと
　(b) 装置への付着が少ない

3 造粒に関与する因子とバインダ

造粒工程において造粒に関与する因子は以下の点が挙げられる。
(1) バインダの添加量
(2) バインダの質

第5章　バインダの活用法

(3) 機械の回転数
(4) 回分式では仕込み量，連続式では Feed 量
(5) 湿式造粒では乾燥温度や熱風の風速
(6) 粉砕原料の粒度
(7) 混練を伴う方式では混練時間
(8) バインダ噴霧の液滴の大きさ
(9) バインダの温度
(10) 造粒時の原料温度

等である。これらから見てもバインダの役割がいかに大きいか良くわかる。

4　バインダの温度

　転動造粒における筆者の経験では室温のバインダより 60℃ 位の高温のバインダの方が粒の成長が早かった。バインダの温度は撹拌造粒でも室温より 60℃ の方が粒の成長が早い例もあり，影響していることは確かなようである。データの数が限られており具体的なデータの表示は割愛したい。

5　圧縮造粒におけるバインダ

　圧縮造粒は原料により向き不向きがあり原料の配合によっては造粒できないものもある。特に結晶水を持つ硫酸マグネシウムのような原料は圧縮時に 50℃ 位の比較的低温で結晶水を放出してコンパクティング・ロールに付着し造粒できないことがある。原料粉体だけで造粒できる物は少なくデキストリン等バインダが必要なことが多い。食品のバインダとしては DE = 10〜14 のデキストリンが良く使われる。筆者の経験でも DE = 10〜14 のデキストリンを 1% 程度加えることでスムーズに造粒できた。

6　バインダの種類

　代表的なバインダとしては HPC-L（信越化学），α澱粉（日澱化学），デキストリン（松谷化学，三和澱粉工業等），メチルセルロース（信越化学），アラビアゴム（長瀬産業）等がある。代表的なバインダを表 29 に示した。

6.1　滑沢剤

　圧縮造粒でよく使われる滑沢剤はロール間ダイス内への原料粉体の供給を容易にして成形効果を高めるものである。石灰のブリケッティングではロール表面に滑沢油をスプレーすることによ

6 バインダの種類

表 29 代表的なバインダの例[27]

種類	濃度 [%]	特徴
ゼラチン	5〜15	ゼラチンは低濃度では結合力が弱く，10%程度の液が使われる。溶液を冷却するとゲル化するため，溶液は加温して噴霧する必要がある。
アラビアゴム（アカシア粉末）	10〜20	アラビアゴムは，低温度では粘性がでない。造粒の際には高温度の溶液を必要とし，バインダ量を多く必要とするので流動造粒ではあまり使われない。
PVP（k-30）	10前後	PVP（k-30）はPVP（k-90）のように，分子量が高いものに比較すると，粘性が弱く，したがって結合力が弱い。
PVP（k-90）	5前後	PVPの中ではPVP（k-90）が低温度で比較的高粘度になるため，結合力が強い。したがって，疎水性材料のバインダとして非常によい結果を得る。
HPC-L	5〜6	HPCには，SL，L，M，Hタイプがあるが，流動造粒ではLタイプが使用される。乳糖＋コーンスターチ系の造粒のように凝集性のよい親水性材料に対してよい結果を得る。
MC-SM-400	2前後	メチルセルロースは重合度が数種あるが，その液の濃度，粘性から，流動造粒には，MC-SM-400が適当である。結合力が強く，ある程度粒子を粗くする目的のものには適する。
CMC	0.5〜2	低温度において液粘度は高い。流動造粒に使用した場合，粉末が多くなる傾向がある。1.5〜2.0%の範囲で使用されることが多い。
PVA	2〜3	造粒性に優れるが，粒状物の崩壊性に問題がある。重合度，けん化度とも中程度のグレードがよい。
デキストリン	15	デキストリンは結合力が弱い。しかし，打錠した場合の成形性，錠剤の崩壊性は良好である。
馬鈴薯澱粉	2〜3	顆粒の粒度，かさ密度，打錠した場合の錠剤の硬度，崩壊度とも非常に良好である。医薬品・食品両分野において使用され，コスト面からも大きなメリットがある。
アルギン酸ソーダ	1〜2	高粘度のため結合剤として適当であり，食品関係で使用される。
天然ガム	0.5〜1.0	グアーガム，ローカストビーンガムが主に用いられる。低濃度，高粘性を呈するため，最近の食品造粒にかかせないバインダである。

医薬品	1. HPC-L, 2. Potato starch, 3. PVP k-90, 4. CMC
食品	1. Potato starch, 2. 天然ガム（主にグアーガム），3. アラビアゴム，4. デキストリン

り著しくブリケットの強度を高めることができる。またソーダ灰のブリケッティングでもロール表面に水をスプレーすることで同様の効果を挙げている。滑沢剤としては水，油脂の他シリコン，タルク，澱粉，ステアリン酸マグネシウム等が使われる。食品では滑沢剤の使用の機会は少ないと考えられる。

6.2 バインダに使われる材料

バインダは結合液と結合剤からなり，その選定は原料粉体の物性，造粒目的，造粒物の品質を考える必要がある。

(1) 基本的に水に溶ける材料では水をバインダにすることが多い。
(2) 水に不溶な成分を多く含み成型しにくい場合は，2%馬鈴薯澱粉の水溶液を加温して糊化

第5章　バインダの活用法

したものを使うことがある。筆者が経験した食品の造粒では，1%馬鈴薯澱粉の水溶液を加温して糊化したものが造粒しやすかった。

(3) 原料の吸湿性が強く，すぐ大きな塊を作りやすい時は，その粘性を制御するためエタノールを加えることがある。

(4) デキストリンも良く使われるがDEの値により水溶液の粘度が異なるので，いろいろなDEについてテストし適切なDEを選定することが大切である。

(5) その他，ゼラチン，HPC＝L，CMC等が用いられる。医薬品はFDAの認可があれば使える。食品はHPCのようにFDAが認めても日本の厚生労働省が認めないと使えない物もある。

7　よく使われるバインダの例

よく使われるバインダの例を表29に示した。表29ではよく使われる濃度も示した。これらの中でもいろいろな業界で幅広く使われているのが馬鈴薯澱粉で，表29では濃度2〜3%となっているが食品の経験の多い筆者は1〜2%のことが多かった。取り扱った原料が水溶性のものが多かったためと考えられる。

馬鈴薯澱粉以外に澱粉系バインダとしてはコーンスターチや米澱粉もあるが，馬鈴薯澱粉が60℃と他の澱粉より10℃位低い温度で糊化するので，調整や保存が容易であることから，馬鈴薯澱粉が食品では良く使われると考えられる。

表30には医薬品，食品，飼料の業界で良く使われるバインダを示した。表30の業界区分で医は医薬品，食は食品，飼は飼料を表す。

表31は筆者が主に使用した食品用のバインダである。HPC-Lは平成16年にサプリメントに限り厚生労働省により使用が認められたヒドリキシ・プロピルセルローズである。「-L」は溶媒に溶かした時の粘度が低い種類を表す。押出造粒，流動造粒に用いた時，水だけでは造粒できなかった食品が容易に造粒できた。しかし日本ではHPC-Lはサプリメント以外の食品には使用できないので代替品を検討した結果，DE＝2〜5のデキストリンの10%水溶液がHPC-Lと同様に造粒ができた。

7.1　食品のバインダ類の例

食品の造粒は調味料，スープに始まり，金平糖，飴玉，粉末飲料，チョコレート，ガムなどがあり最近では健康補助食品のサプリメント，アミノ酸スポーツ飲料，バター顆粒，ツブツブアイスなど数多い。賦形剤，結合剤，滑沢剤，崩壊剤は以下のものがある。

7.1.1　賦形剤

食べやすくするため，またエキスなど粉体にしやすく味に影響の少ない乳糖，ブドウ糖，デキストリン，澱粉類が使われ，製品によっては粉飴，砂糖等が使われる。筆者の経験ではブドウ糖

7 よく使われるバインダの例

表30 食品,医薬品,飼料業界のバインダ[2]

業界	品名	使用条件	目的
医,食,飼	アラビアゴム	水溶媒,25℃ 37%,50℃ 38%	増粘剤
医,食,飼	グアガム	水溶媒,低濃度で高粘度,EtOHで分散溶解	増粘剤
医,食,飼	キサンタンガム	水溶媒,低濃度で高粘度,EtOHで分散溶解	増粘剤
医,食	グリセリン	水,溶剤に可溶	増粘剤
医,健食	ヒドロキシプロピルセルロース（HPC）	水,EtOH可溶,保健機能食品のカプセル,錠剤以外食品には使えない	増粘剤
医	ポリビニルピロリドン（PVP）		増粘剤
医,食	デキストリン	水溶媒,冷水に溶ける	増粘剤
医,食	アルギン酸ナトリウム	物性変化大水,表面柔らか魚の餌向き	増粘剤
医,食	エチルアルコール	水と混合or単独で使用	減粘剤
食	カゼインナトリウム	水溶媒	増粘剤
食	ポリリン酸ナトリウム	水溶媒	増粘剤
食,飼	ポリアクリル酸ナトリウム	熱,塩類,酸類に対し粘度変化少ない ぬめり有り表面柔らかい,魚の餌向き	増粘剤
食	プルラン	天然多糖類,pH,塩類,酸に安定	増粘剤
食	カゼイン	栄養剤,乳化剤,安定剤	増粘剤
食,医	ツェイン	トウモロコシ由来,水とEtOH混合溶媒,酸に不溶,アルカリに可溶,腸溶性	増粘剤
食,医	シェラック	EtOH溶媒,水溶性も。酸に不溶,アルカリに可溶,腸溶性	増粘剤
医,食,化	カルボキシメチルセルロースナトリウム（CMC）	水溶媒	増粘剤
医,食,触媒	メチルセルロース（MC）	水溶媒,重合度で粘度差,食品は2%以下	増粘剤
医,食,触媒	微結晶セルロース	水,溶剤に可溶	可塑剤
医,食,肥	ゼラチン	温水に溶解,冷水可溶品種も	増粘剤
医,食,肥	澱粉（α化）	コーンスターチや馬鈴薯澱粉を温水でα化	増粘剤
肥,飼,カーボンブラック	糖蜜	水溶媒	増粘剤
肥,農	リグニン	水溶媒	増粘剤
肥,農	ベントナイト		増粘剤
農,医,洗,治	ポリエチレングリコール	液体または粉末で使用	溶剤,潤滑剤
農,化,触	ポリビニルアルコール（PVA）	水溶媒	増粘剤
農,触,窯	ケイ酸ナトリウム	水または溶剤で溶かす	増粘剤
触媒	アルミナゾル	液体or粉末で使用,水溶媒	増粘剤
樹脂,ゴム	ピッチ	水溶媒	増粘剤
廃棄物	セメント	水溶媒	
樹脂	アセトン	水,エタノール溶媒	減粘剤
樹脂	メタノール	単独たまは水と混合	減粘剤
化	アンモニア	水,エタノール溶媒	減粘剤

表31 筆者経験の食品用バインダ

業界	バインダの特徴	主なバインダ
食品	水もしくは2%馬鈴薯澱粉糊が主サプリメントを中心にアルコールデキストリン,HPC-L	水,デキストリン,エチルアルコール,カゼイン,ゼラチン,澱粉糊,HPC-L

第 5 章　バインダの活用法

は造粒,乾燥後顆粒製品として保管中に外観色が成分の褐変反応により色濃く変色し,製品化を断念したことがある。ブドウ糖は褐変反応（メイラード反応）に注意が必要である。

7．1．2　結合剤（バインダ）

食品は水もしくは 1～2％程度の澱粉溶液を糊化したものが主流であるが,最近ではサプリメントを中心に,水では顆粒に成形しにくい材料に対してはエタノールや DE の異なったデキストリン等が使われている。しかし基本的には日本では厚生労働省が食品への使用を認めているもの（サプリメント）以外は使用できない。その意味では医薬より自由度は小さい。サプリメントに対しては平成 16 年以降 HPC 等の結合剤の使用を厚生労働省が認めるようになった。

7．1．3　滑沢剤

食品添加物に認められている範囲でシュガーエステル,リン酸マグネシウムなど使われるが,市場が添加物を好まない傾向にあるために極力使わないで済む方法を模索すると良い。

7．1．4　崩壊剤

サプリメントなど溶解性のよさをセールストークにする商品では炭酸ソーダの力を借りて瞬時に「シュワー！」と溶けるようにする工夫も見られる。

7．2　トラブル事例

7．2．1　熱軟化性の強い賦形剤によるトラブル

押出造粒プラントでコストダウンのため配合の乳糖の量を多くしたら造粒機の運転条件はさほど変化がなかったが,微粉回収サイクロン下のロータリーバルブの軸受けから熱軟化した原料が褐変してドウのように押し出され,その状態で運転を継続するとロータリーバルブがオーバーロードして運転の継続ができなくなった。

(1) 原因

乳糖の添加の増加で原料全体の熱軟化点が約 70℃に低下した。造粒時は原料の温度が 70℃以下のため造粒では症状が現れず,乾燥機の排風のサイクロン下にあるロータリーバルブの軸部に入り込んだ原料が練られ,温度が 70℃以上になり熱軟化した。

(2) 対策

品質の許せる範囲で乳糖を他の原料で置き換え,乳糖の量を減らして原料全体の熱軟化点を 80℃以上にすることで,ロータリーバルブ軸からの原料のはみ出しをくい止めることができた。そのことで造粒工程全体の運転が安定した。

7．2．2　押出造粒できないトラブル

ある食品の造粒プラントで原料配合を変更し噴霧乾燥した天然物エキスを 10％加えたところ,押出造粒品がそば状に長くなり造粒物が得られなかった。

(1) 原因

天然物のエキスを噴霧乾燥する時,天然エキスの重量の 100％相当（天然エキス：デキストリン＝ 1：1）のデキストリンを添加して噴霧乾燥していた。このデキストリンの DE（Dextrose

7 よく使われるバインダの例

Equivalent）は 12〜14 であった。過去の知見で DE = 10〜14 のデキストリンが原料配合の 3％以上になると押出造粒できないことがわかっていた。したがって，このトラブルで天然エキス由来のデキストリンが造粒原料の配合の 5％にあたることから，このデキストリンが押出造粒できない原因と考えられた。

(2) 対策

天然エキスを噴霧乾燥する時のデキストリンを DE = 10〜14 のものを DE = 7〜9 と DE = 2〜5 のものに変更してテストした。その結果，DE = 2〜5 のデキストリンを使って天然エキスを乾燥したものが押出造粒できることがわかった。

このことはデキストリンのメーカー三和澱粉工業㈱の資料にも表32と表33のように紹介されており DE = 2〜5 のデキストリンが造粒に向いていることが良くわかる。

デキストリンは澱粉を原料にして，酸化，酵素糖化で造られる「でんぷん糖」の一種である。ブドウ糖や水飴もこれらの中に入る。この内，酸糖化法はシュウ酸や塩酸や硫酸で加水分解する方法がブドウ糖の製造に用いられる。

一方，酵素糖化法は原料澱粉を液化酵素（α-アミラーゼ）で液化する。この溶液がデキストリンで，これを糖化酵素（グルコアミラーゼ）で糖化してブドウ糖や水飴，粉飴を製造する。酸

表32　デキストリンの DE による分類 [28]

商品名	#30	#70	#70MD	#100	#150	#180	#185N	#250	#300
主原料名	ワキシーコーンスターチ	甘諸澱粉	ワキシーコーンスターチ	コーンスターチ					
水分	5％以下	5％以下	6％以下	5％以下	5％以下	5％以下	5％以下	4％以下	4％以下
DE（SOMOGYI法）	2〜5	7〜8	6〜8	10〜13	15〜18	18〜21	16〜21	22〜26	26〜30

＊（SD#70MD：局法デキストリン）

表33　デキストリンの主な用途 [28]

主な用途	最適商品
調味料，スープ，色素の粉末化基材，分散材	#70，#100
食品，エキスの増粘，増量材，造粒材	#30，#70
酒類，飲料，冷菓のコクミ，ボディー感の付与	#150
米菓の艶出し	#70
香料等の成分保護，皮膜形成素材	#100
冷凍野菜の凍結変性防止	#180，#185N，#250，#300
フリーズドライの湯戻り向上	#100
ハム，ソーセージ，餡，ジャム等の水分活性調節	#150，#185N，#250
ピックル液	#185N，#250
流動食，介護食，経口医療食，経鼻胃経医療食，ベビーフード等の炭水化物源	#70MD，#180，#185N，#250，#300

＊（SD#70MD：局法デキストリン）

第5章　バインダの活用法

化糖化法は不純物と風味に苦味を生じるので食品用の水飴，粉飴は酵素糖化法で造られる。

この糖化の度合いを DE で表す。DE とは直接還元糖（グルコースとして）を全固形分で割って 100 を掛けたもので表す。DE が高いほど粘度が低く甘味が強い。DE が低いほど粘度が高く甘味が弱い。

デキストリン・メーカー三和澱粉工業㈱の資料を参考にすると表 32 のようにデキストリンの DE は 2〜30 であり 9 種類が製造販売されている。これらのうち，増量剤や造粒用途には表 33 のように DE が低めの #30（DE = 2〜5）や #70（DE = 7〜8）が推奨されている。筆者の経験でも増量剤や噴霧乾燥時の賦形剤としては #70 や #100（DE = 10〜13）が使われたケースが多かった。また押出造粒，流動造粒などの造粒時には先にも触れたように DE = 10〜13 のものは造粒が困難であった。しかし DE = 2〜5 のものではどの造粒方法でも無難に造粒できた。

8　デキストリンの DE とは

バインダや賦形剤として良く使われるデキストリンはその DE の数値によって物性が異なり，前項でも説明したようにこの DE の値によって造粒できたりできなかったりする。この DE とは何かについて説明する。

デキストリンは図 154 に示したように澱粉に α-アミラーゼを働かしてデキストリン（マルトデキストリン）を製造するが，この α-アミラーゼの作用の程度により強く作用させるとブドウ糖に近づき，その程度により DE（Dextrose Equivalent）は次のような式で表される。

DE = 直接還元糖（グルコースとして表示）× 100 ／ 澱粉の固形分

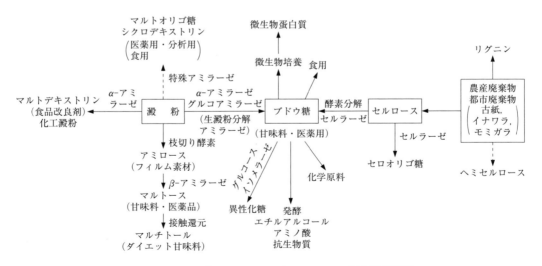

図 154　マルトデキストリン及びセルロースの製造説明図 [29]

9　食品のフレーバー保持に使われるシクロデキストリン（Cyclodextrin）

表34　澱粉糖のDEと性質[29]

名称	DE	甘味	粘度	吸湿性	溶液の凍結点	糖の結晶性	糖結晶の抑制作用	平均分子量
結晶ブドウ糖	99〜100	大	小	小	低	大	小	小
精製ブドウ糖	97〜98	↑	↓	↓	↑	↑	↓	↓
粉末ブドウ糖	92〜96							
固形ブドウ糖	80〜85							
液状ブドウ糖	55〜80							
水あめ	35〜50							
粉あめ	20〜40	小	大	大	高	小	大	大

$$\mathrm{D.E.} = \frac{直接還元糖（グルコースとして表示）}{固形分} \times 100$$

表35　デキストリンとDE[28]

項目＼種類	#30	#70	#100	#150	#180	#250	#300
外観	白色粉末	白色粉末	白色粉末	白色粉末	白色粉末	白色粉末	白色粉末
水分	5%以下	5%以下	5%以下	5%以下	5%以下	4%以下	4%以下
DE	2〜5	6〜8	10〜13	15〜18	18〜21	21〜25	26〜30
pH	4〜6	4〜6	4〜6	4〜6	4〜6	4〜6	4〜6
着色度	0.250以下	0.250以下	0.250以下	0.150以下	0.150以下	0.150以下	0.150以下
濁度	0.100以下	0.100以下	0.100以下	0.100以下	0.100以下	0.100以下	0.100以下
灰分	0.1%以下	0.1%以下	0.1%以下	0.1%以下	0.1%以下	0.1%以下	0.1%以下
重金属	10ppm以下	5ppm以下	5ppm以下	4ppm以下	4ppm以下	4ppm以下	4ppm以下
砒素	1ppm以下	1ppm以下	1ppm以下	1ppm以下	1ppm以下	1ppm以下	1ppm以下

このDEは表34のようにDE＝99〜100が結晶ブドウ糖〜DE＝20〜40の粉飴に分かれる。さらに表35のようにDE＝2〜30デキストリンとなり，一般的に賦形剤に良く使われるデキストリンは表35の三和澱粉工業㈱のカタログで言う#100のDE＝10〜13のモノである。

9　食品のフレーバー保持に使われるシクロデキストリン（Cyclodextrin）

別名サイクロデキストリンとも言うが，図154に示したように澱粉にα-アミラーゼに加えて特殊アミラーゼ（シクロデキストリン合成酵素）を作用させることにより作られるグルコース（ブドウ糖）が環状に6〜8個連なったオリゴ糖で，環状オリゴ糖とも呼ばれる。

グルコース単位が6個，7個，8個のものを，それぞれα-，β-，γ-シクロデキストリンと呼び，環状分子構造の空洞（6〜10 Å）を持つ。

シクロデキストリンの分子は，図155のようにバケツのような少し片方の端が狭くなった円筒形をしており，その内部が疎水性，外部が親水性を示す。シクロデキストリンは，その内側の

第5章　バインダの活用法

空洞に他の成分を取り込む包摂という能力を有する特徴がある。このように他の成分を取り込むことで，取り込んだ物質を光や熱などから保護したり水に溶けやすくすることを包接という。主に噴霧乾燥の賦形剤に使われる。筆者も味醂の粉末化，コーヒー抽出液の粉末化やマヨネーズの粉末化の実験で，味醂のアルコールの包摂による残存やコーヒーのアロマの包摂による残存，マヨネーズの酸味の包摂による残存を確認した経験がある。筆者の実験ではシクロデキストリンのα-型，β-型，γ-型の3種類のうちβ-型が最も包接力が強いと感じられた。図156にβ-シクロデキストリンの模式図を示した。

図155　シクロデキストリンの分子の形と包接の様子[30]

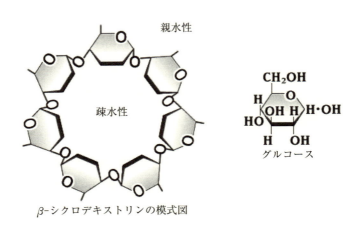

図156　β-シクロデキストリンの模式図[30]

第 6 章

造粒工程の環境管理

1 温度・湿度管理

粉体プロセスでは温度,湿度のうち特に関係湿度(相対湿度)に影響される部分が多い。湿度の表示方法には次のような関係がある。

絶対湿度:$H = (M_w / M_a) < p / (760-p) > = (18 / 29.2) < p / (760-p) > = 0.622 p / (760-p)$
飽和絶対湿度:$H_s = 0.622 p_s / (760-p_s)$
比較湿度(飽和度):$\psi = 100 H / H_s$
関係湿度(相対湿度):$\phi = 100 p/p_s = (0.622 + H_s)\psi / (0.622 + H)$
$= 100(0.622 + H_s)H / (0.622 + H)H_s$

p:空気中の水蒸気分圧(mmHg), p_s:空気中の飽和水蒸気分圧(mmHg)
H:空気中の絶対湿度(kg-H_2O/kg-dry air),
H_s:空気中の飽和絶対湿度(kg-H_2O/kg-dry air)
M_w:水の分子量, M_a:空気の分子量

1.1 湿度図表の応用

一般に行われる冷却除湿の条件は,この相対湿度の式と化学工学便覧の温度と水蒸気分圧の関係(表36)より相対湿度の式で計算した絶対湿度の値を用いて図157の湿度図表が作成できる。計算例を表37に示した。これによってプロセス毎の湿度条件が設定できる。

第6章 造粒工程の環境管理

表36 各温度における水蒸気分圧 h_s (mmHg)[31]

t ℃	P_s kg/cm²	h_s mmHg	x_s kg/kg'	t ℃	P_s kg/cm²	h_s mmHg	x_s kg/kg'
1.0	6.696×10^{-3}	4.925	4.057×10^{-3}	51.0	0.13221	97.25	0.09126
2.0	7.194 〃	5.292	4.361 〃	52.0	0.13886	102.14	0.09657
3.0	7.725 〃	5.682	4.685 〃	53.0	0.14580	107.24	0.1022
4.0	8.290 〃	6.098	5.031 〃	54.0	0.15303	112.6	0.1081
5.0	8.891 〃	6.540	5.399 〃	55.0	0.16057	118.1	0.1144
6.0	9.531 〃	7.010	5.791 〃	56.0	0.16842	123.9	0.1211
7.0	1.0211×10^{-2}	7.511	6.208 〃	57.0	0.17660	129.9	0.1282
8.0	1.0933 〃	8.042	6.652 〃	58.0	0.18511	136.2	0.1358
9.0	1.1700 〃	8.606	7.124 〃	59.0	0.19397	142.7	0.1438
10.0	1.2514 〃	9.205	7.625 〃	60.0	0.2032	149.5	0.1523
11.0	1.3378 〃	9.840	8.159 〃	61.0	0.2128	156.5	0.1613
12.0	1.4294 〃	10.514	8.725 〃	62.0	0.2228	163.8	0.1709
13.0	1.5264 〃	11.23	9.326 〃	63.0	0.2331	171.5	0.1812
14.0	1.6292 〃	11.98	9.964 〃	64.0	0.2349	179.5	0.1922
15.0	1.7380 〃	12.78	0.01064	65.0	0.2551	187.6	0.2039
16.0	1.8531 〃	13.61	0.01136	66.0	0.2667	196.2	0.2164
17.0	1.9749 〃	14.53	0.01212	67.0	0.2788	205.1	0.2298
18.0	2.104 〃	15.47	0.01293	68.0	0.2913	214.3	0.2442
19.0	2.240 〃	16.47	0.01378	69.0	0.3043	223.9	0.2597
20.0	2.383 〃	17.53	0.01469	70.0	0.3178	233.8	0.2763
21.0	2.535 〃	18.65	0.01564	71.0	0.3318	244.1	0.2943
22.0	2.695 〃	19.82	0.01666	72.0	0.3464	254.8	0.3136
23.0	2.864 〃	21.07	0.01773	73.0	0.3614	265.8	0.3346
24.0	3.042 〃	22.38	0.01887	74.0	0.3770	277.3	0.3673
25.0	3.230 〃	23.75	0.02007	75.0	0.3982	289.2	0.3820
26.0	3.427 〃	25.21	0.02134	76.0	0.4099	301.5	0.4090
27.0	3.635 〃	26.74	0.02268	77.0	0.4273	314.3	0.4385
28.0	3.854 〃	28.35	0.02410	78.0	0.4452	327.5	0.4709
29.0	4.084 〃	30.04	0.02560	79.0	0.4638	341.1	0.5066
30.0	4.327 〃	31.83	0.02718	80.0	0.4830	355.3	0.5460
31.0	4.581 〃	33.70	0.02886	81.0	0.5029	369.9	0.5898
32.0	4.849 〃	35.67	0.03063	82.0	0.5235	385.1	0.6387
33.0	5.130 〃	37.73	0.03249	83.0	0.5448	400.7	0.6936
34.0	5.425 〃	39.90	0.03447	84.0	0.5668	416.9	0.7557
35.0	5.735 〃	42.18	0.03655	85.0	0.5895	433.6	0.8263
36.0	6.059 〃	44.57	0.03875	86.0	0.6130	450.9	0.9072
37.0	6.400 〃	47.08	0.04109	87.0	0.6373	468.8	1.001
38.0	6.757 〃	49.70	0.04352	88.0	0.6623	487.2	1.111
39.0	7.131 〃	52.45	0.04611	89.0	0.6882	506.2	1.241
40.0	7.523 〃	55.34	0.04884	90.0	0.7150	525.9	1.397
41.0	7.934 〃	58.36	0.05173	91.0	0.7426	546.2	1.589
42.0	8.363 〃	61.52	0.05478	92.0	0.7710	567.1	1.829
43.0	8.813 〃	64.82	0.05800	93.0	0.8004	588.7	2.138
44.0	9.284 〃	68.29	0.06140	94.0	0.8307	611.0	2.551
45.0	9.775 〃	71.90	0.06499	95.0	0.8620	634.0	3.130
46.0	0.10288	75.68	0.06878	96.0	0.8942	657.7	3.999
47.0	0.10825	79.62	0.07279	97.0	0.9274	682.1	5.449
48.0	0.11386	83.75	0.07703	98.0	0.9616	707.3	8.352
49.0	0.11972	88.06	0.08151	99.0	0.9969	733.3	17.06
50.0	0.12583	92.56	0.08625	100.0	1.03323	760.0	—

1 温度・湿度管理

表37 相対湿度 φ より各温度の絶対湿度 H を求めた結果 [15]

$$H = 0.622p/(760-p)$$

相対湿度 (%RH)	温度 (℃)	飽和水蒸気分圧 p_s (mmHg)	$p = \phi_{ps}/100$ (mmHg)	$0.622p$ (mmHg)	$760 - p$ (mmHg)	H (kg 水/乾き空気)
3	70	233.7	7.01	4.36	753	0.00579
	80	355.1	10.65	6.63	749.35	0.00884
	90	525.8	15.77	9.81	744.23	0.01318
	98	707.3	21.22	13.2	738.78	0.01786
	120	1489.2	44.68	27.79	715.32	0.03885
	140	2,710	81.3	50.57	709.43	0.0713
	180	7,520	225.6	140.32	619.68	0.226
	260	35,208	1,056.2	657	103	6.379
5	70	233.7	11.69	7.27	748.31	0.009715
	80	355.1	17.76	11.05	742.24	0.014887
	90	525.8	26.29	16.35	733.71	0.022284
	98	707.3	35.37	22	724.63	0.03036
	120	1,489.2	74.46	46.31	685.54	0.067553
	140	2710	135.5	84.28	624.5	0.134956
	180	7520	376	233.87	384	0.609036
	260	35,208	1,760	1,094.72	− 1,000	−
10	70	233.7	23.37	14.536	736.63	0.019733
	80	355.1	35.51	22.087	737.91	0.029932
	90	525.8	52.58	32.705	707.42	0.046231
	98	707.3	70.73	43.99	689.27	0.063821
	120	1,489.2	148.92	92.628	611.08	0.15158
	140	2,710	271	168.56	489	0.3447
	180	7,520	752	467.74	8	58.4675
20	70	233.7	46.74	29.07228	713.26	0.04076
	80	355.1	71.02	44.17444	688.98	0.064116
	90	525.8	105.16	65.40952	654.84	0.099886
	98	707.3	141.46	87.98812	618.54	0.142251
	120	1,489.2	297.84	185.2565	462.16	0.400849
	140	2,710	542	337.124	218	1.51644
	180	7,520				

相対湿度 $\phi = 100 p/p_s = 100 p/h_s$　　（この式の p_s は表36では h_s となっている。）

この式より相対湿度 ϕ を設定して p を求め，次の式で H を求めた例が表37である。

絶対湿度　$H = 0.622 p/(760-p)$

この表37の結果をプロットしたのが図157の3％，5％，10％，20％の右上がりの曲線である。図157を見るとわかるように，相対湿度20％の右上がりの曲線は化学工学便覧等で紹介されているが，今回の表37の結果と良く一致しており，今回の計算が正しかったことを表している。

相対湿度 2.5%RH や 3%RH，5%RH，10%RH は今回の計算が初めてであるが有効に使えると考えられる。

第6章 造粒工程の環境管理

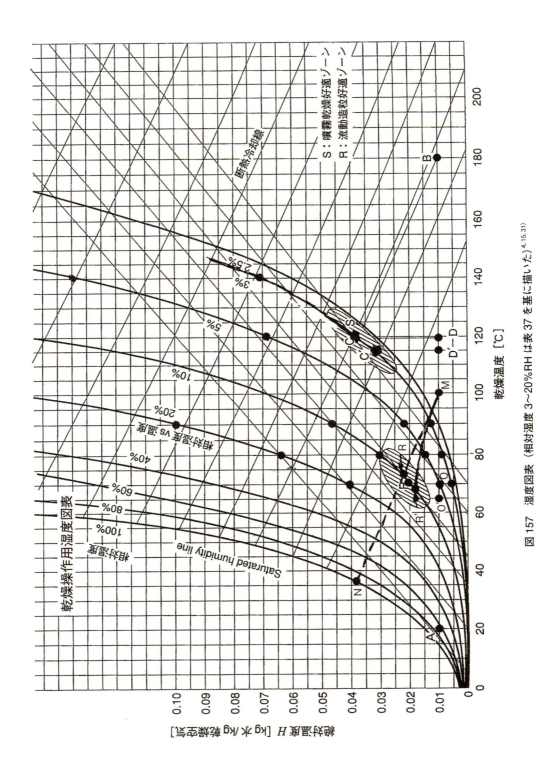

図157 湿度図表（相対湿度 3～20%RH は表37を基に描いた）[4,15,31]

1 温度・湿度管理

図157をもう少し詳しく説明すると図中点Aは春，秋の気温湿度で年間の中間期を想定している。大気温度20℃，湿度70％とすると図からわかるように絶対湿度は0.01 kg水/kg乾燥空気である。

例として，噴霧乾燥を想定し乾燥熱風に使う空気の温度を180℃まで加熱すると，湿度はそのまま変わらず0.01 kg水/kg乾燥空気であり，温度だけがヒーターで20℃から180℃まで加熱され上昇する。

この熱風中に液体を噴霧すると，液体の蒸発により空気の絶対湿度が上昇しながら空気の温度は斜め左上がりの断熱冷却線に沿って下がる。

筆者が経験した調味料を中心とした液体食品の噴霧乾燥においては，排風の相対湿度が3％RH位になるように給液の量を加減すると十分乾燥し，製品粉末の水分が製造規格以内に納まる。

ミルクなどタンパク系の食品では，文献のデータによれば排風の相対湿度が9％RHで乾燥できている物もあり，食品の種類により多少異なるが食品の噴霧乾燥においては排気の相対湿度が数％RHになるように給液量を加減すれば固結することのない乾燥粉末が得られると考えられる。

断熱冷却線は熱損失を全く考えない理想状態であり，その状態では吹き込んだ熱風は図中点Bから断熱冷却線に沿って相対湿度3％RHの曲線上の点Cに到達する。したがって熱損失ゼロの状態では湿度差C－Dが乾燥空気1 kgあたりの乾燥能力になる。しかし実際には熱損失があるので蒸発水量245 kg/Hの噴霧乾燥機では熱風温度は相対湿度3％RHの曲線上のC'に到達しC'－D'が実際の乾燥能力であった。これは筆者自身が実験で確認したデータである。

流動造粒機においても同様に考えられる。例えば熱風温度100℃の流動造粒機を考えると，点Mから始まって，筆者が実験した吸湿性の強い原料では排気の相対湿度が10％RH付近になるようにバインダ液の供給を加減すると，粒の成長がスムーズであった。この場合も熱損失がない状態では排気の温度は断熱冷却線に沿って下がり，点Rに到達すると考えられる。点Rを通り越して点Nまで到達する相対湿度は100％RHとなりこれでは粉体が水に溶けてしまう状態である。

噴霧乾燥と同様に流動造粒においても熱損失があるので流動造粒がスムーズに進行する。この例の10％RH上の到達点はずれてR'のようになる。したがってバインダの水分の乾燥はR－OでなくR'－O'となる。筆者の実験した流動造粒機はバインダの水分の蒸発量が1 kg/H程度であったので（R'－O'）＝0.45×（R－O）だった。

1.2 湿度図表の応用

また吸湿性粉体のプロセスにおける環境条件として，50％RH以下をキープするために必要な除湿空気の冷却温度は図158のように求められる。例えば，再加熱後のプロセスへの供給空気温度を25℃とすると50％RHにするためには空気の冷却温度は14℃位になる。またニューマ冷却の空気温度を20℃とするとニューマ輸送で輸送される粉体食品が吸湿することのない相対湿度は，経験的に36％RH以下であった。この湿度に合わせるために，空気を4℃まで冷却してから再加熱して20℃にすると空気の相対湿度は36％RHになる。

第6章 造粒工程の環境管理

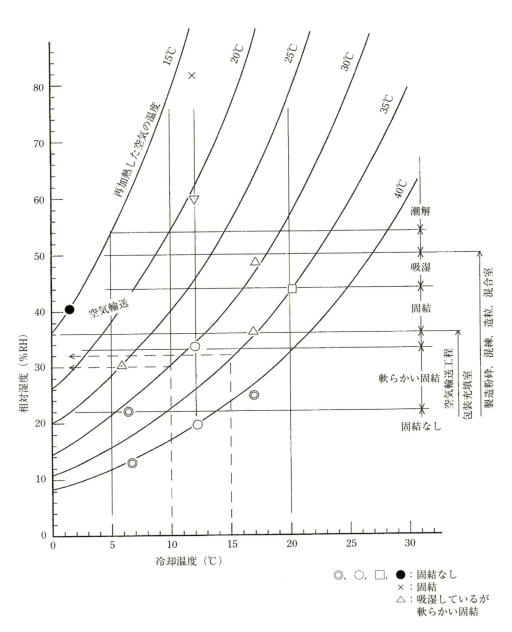

図158 除湿対象空気の冷却温度と再加熱温度の関係

2 空気清浄度・ゾーン管理

　医薬品，食品，最近話題の健康食品等の造粒プロセスでは空気の清浄度が問題になる。
　空気の清浄度はこれまで米国連邦規格 209D の表示方法でクラス 100 やクラス 10,000，クラス 100,000 のような表示をしてきたが，これは空気中の汚染粒子について 0.5 μm 以上の大きさを対象にして，その数が 1 ft^3 中に何個あるかで表し，クラス 10,000 は 0.5 μm 以上のホコリが 1 ft^3 中に 10,000 個ある状態を表している。この表示は実態にそぐわない部分も見られ 1999 年に ISO14644-1 が発表されたのを機に日本でも 0.1 μm 以上の粒子を対象にした基準が JIS に定められ，この基準で統一された。これらの関係は表 38 の通りである。医薬品では注射液充填のクラス 5 から抗生物質製造のクラス 7，一般医薬品のクラス 8 まで清浄度の区分が決められている。
　米国連邦規格と ISO 及び日本の JIS の関係を示すと表 38 のようになる。
　食品では魚肉加工場，食肉加工場，菓子工場，飲料工場，酪農工場等で米国連邦規格 209D のクラス 1,000～10,000 が求められ，砂糖精製工場ではクラス 100 と極端に厳しいが，調味料など粉体食品の加工工場では明確な基準がなく，筆者らが試しにクラス 10,000～100,000 で設定してみたのが表 39 で 40 年くらい問題なく稼働している。クラス 10,000～100,000，即ち一つのガイドラインとして JIS B 9920 のクラス 7～8 程度でよいと考えられる。

表 38　米国連邦規格と ISO 及び日本の JIS の関係 [15]

	米国連邦規格		JIS B 9920	ISO 14644-1
	209D	209E		
基準粒径	0.5 μm 以上		0.1 μm 以上	
単位体積	ft^3		m^3	
クラス表示			クラス 1	ISO 1
			クラス 2	ISO 2
		クラス M1		
	クラス 1	クラス M1.5	クラス 3	ISO 3
		クラス M2		
	クラス 10	クラス M2.5	クラス 4	ISO 4
		クラス M3		
	クラス 100	クラス M3.5	クラス 5	ISO 5
		クラス M4		
	クラス 1,000	クラス M4.5	クラス 6	ISO 6
		クラス M5		
	クラス 10,000	クラス M5.5	クラス 7	ISO 7
		クラス M6		
	クラス 100,000	クラス M6.5	クラス 8	ISO 8
		クラス M7		
				ISO 9

粒径分布は，規格ごとに多少異なるので，横並びでのクラスはまったく同一ではないが実用上，同一と考えて問題はない。

第6章　造粒工程の環境管理

この清浄度の厳しい方から，製造室を図159のように清潔作業区域，準清潔作業区域，汚染作業区域に分けられる。ゾーン管理ではそれぞれ清潔作業ゾーン，準清潔作業ゾーン，汚染作業ゾーンと呼ぶ。図159を見ると製造場のうち，どのような作業が清潔作業区か，あるいは準清潔作業区かが良く理解できる。袋詰めされた製品やビンや缶に詰められた製品を段ボール箱に入れるような作業は準清潔作業区になる。また原材料の保管や原料の下処理の作業は汚染作業区になる。図159の右端は表示がないが，製品の搬出は汚染作業区になり，同図の一番下の休憩所や事務室では作業は行わないので普通空調程度の清浄度でよい。しかし更衣室は身支度を整えてエアーシャワーを通れば準清潔作業区や図160の前室に入るので，準清潔作業区程度の清浄度が好ましい。

図160ではクリーンルームと表示した部分が清潔作業区域で，下の階のビニールカーテン程度で屋外と仕切を付けている区域は，原料の搬入場所や製品の出荷のための積み出し口であり汚染作業区域である。

表39で使用している高性能空気浄化フィルター類を表40に示した。食品では超高性能（ULPA）までは必要なく高性能（HEPA：High Efficiency Particulate Air）で十分である。

筆者の経験では粉体を混合したり造粒して製造する調味料工場では，清潔作業区をISO8で設計して30年間でトラブルゼロであったので，粉体食品の製造工場でも清潔作業区はISO8で十分と考えられる。

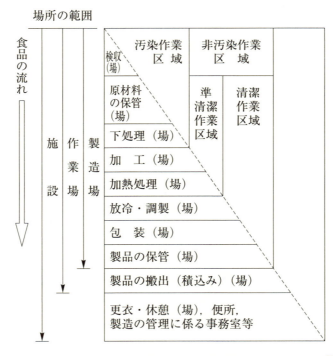

図159　製造工場の作業と清潔作業区，準清潔作業区，汚染作業区[32]

2 空気清浄度・ゾーン管理

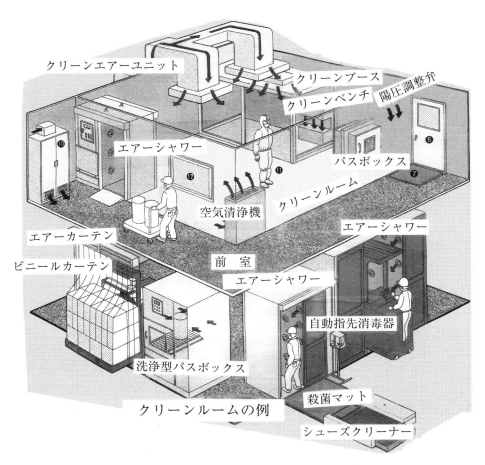

図160 図で見る清潔作業区（クリーンルーム）[33]

表39 作業内容と空気清浄度の基準例[34]

作業区域	作業内容	清浄度		空気循環 (回／H)	外気換気 (回／H)	最終濾過器
		米国規格 209D	ISO			
清潔作業区	原料が空気に暴露 造粒室，包装充填室	クラス 10,000〜100,000	ISO7〜ISO8	20〜75	2〜5	HEPA
準清潔作業区	工程が密閉された室 包装の外箱詰め室 原料搬入前室	クラス 100,000〜300,000	ISO8〜ISO9	12〜20	1〜2	中性能フィルタ
汚染作業区	倉庫内，事務室 更衣室	クラス 300,000〜	ISO9〜	11以下	1以下	粗塵フィルタ

HEPA：High Efficiency Particulate Air

第6章 造粒工程の環境管理

表40 空気浄化フィルター類[35]

種類	型名	特長	効率	用途
超高性能（ULPA）	エコルターUNS	標準型ULPA	0.1 μm 99.9995％＜	ハイテク産業の超清浄ゾーン用
高性能（HEPA）	エコルターNS	標準型HEPA	0.3 μm (DOP) 99.97％	ハイテク，バイオ産業のクリーンルーム，バイオクリーンルーム並びに同用機器
	エコルターNS-01	大風量，低圧損HEPA		
	エコルターNS-HL	高温型HEPA		クリーン乾燥，高温処理
高性能	エコルターS	コンパクト	0.3 μm 99％	簡易クリーンルーム，同用機器
	エコルターSEL		0.5 μm 99.99％	
中性能	エコルターRD・RDN	標準型中性能	比色法90％	ビルの一般空調用 HEPAの前段用 プレフィルター
	エコルターDU	抗菌中性能		
	エコルターRXT	コンパクト		
粗じん	エコルターF	洗浄再生	重量法70％	外気用，第一段プレフィルター
特殊	エコルターNPT	撥水性超高性能	0.15 μm 99.9995％	高湿度条件下使用

3 食品GMPとHACCP

　GMPと言えば医薬が中心であったが最近では健康食品の製造が盛んになり食品GMPが必要になった。GMPはGood Manufacturing Practiceの略で日本では従来「医薬品の製造管理及び品質管理規則」であった。製造における品質保証は原料の受け入れから製品の出荷に至るまで製造工程全般にわたり，間違いの起こらないよう不良品が発生しないようあらゆる角度から組織的，技術的に品質管理を行って初めて達成できる。

　このための管理方式を定め実施しようとするのがGMPの考え方である。GMPの内容を項目によって分類すると次のようになる。

　① 造管理に関する事項
　・標準書（技術標準書），各種基準書（包装管理基準書，工程管理基準書）の設定と遵守。
　・組織，責任者の設定，担当業務の遂行基準の設定，上司への報告や上司の任務の設定。
　・作業方法（作業標準書），作業記録，ロットの構成（品質管理基準書）製造工程衛生管理に関する事項
　② 品質管理に関する事項
　・標準書（品質管理基準書），各種基準書（原料受け入れ基準書，製品出荷判定基準書，不合格品処置基準書）の設定と遵守。
　・組織，責任者の設定，担当業務の遂行基準の設定，上司への報告や上司の任務の設定。
　・サンプリング，試験計画，試験方法，試験結果の伝達方法，試料の保存基準，安定性調査記録。
　③ 設備，建屋の構造に関する事項

3　食品 GMP と HACCP

④　苦情処理に関する事項
GMP の内容を目的によって分類すると
Ⅰ）人為的な誤りを最小限にする事
Ⅱ）医薬品（食品）に対する汚染品質変化を防止する事
Ⅲ）高度な品質を保証するシステムを設計する事

　先にも述べたように最近では GMP は医薬品にとどまらず食品の世界でも広く採用されている。水産製品，畜肉酪農製品の欧米への輸出は HACCP が要求されている。HACCP は微生物汚染，化学品汚染，異物混入につき重大な品質欠陥を連続的に監視して製品全体について原料の調達から食卓での消費まで品質を保証し，これまでの抜き取り検査の網をかいくぐった不良品を全廃したシステムである。この HACCP においては GMP の整備が前提で，これに加え衛生的作業基準（SSOP）を備えて，初めて HACCP の構築に入れると言うベースが GMP である。

第 7 章

造粒プラントの品質管理

1 粉体物性測定

　造粒工程における品質管理の代表的な粉体物性の測定について説明する。これらの粉体物性は粉体の研究のみならず粉体プラントの設計や粉体製品の生産管理においても使われる重要な項目である。これらの粉体物性を測定する装置としては筒井理化学器械㈱の安息角，嵩密度測定器やホソカワミクロン㈱のパウダーテスター等がある。正確な物性の把握には役立つがパウダーテスターは4百万円位するので，それに見合うだけの使用頻度のある研究部門では使われるが，普通の生産工場では使用メリットの説明が難しい。しかし粗比容だけや粗比容と安息角のように項目を限定すれば手ごろな値段の装置も市販されているので，目的をしっかり考えて調査すれば希望の装置は手に入る。

1.1　安息角
　安息角とは，直径8cmの円盤上に出口の高さが約120mmの漏斗を介して注入した粉体が形成する小さな山の裾野の角度である。図161にホソカワミクロン㈱のパウダーテスターやその他の測定方法の例を示した。また分度器で安息角を測る様子を図162に示した。

第7章 造粒プラントの品質管理

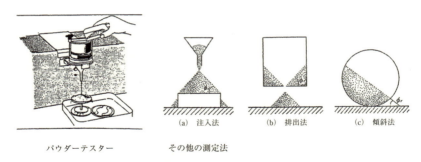

図 161 安息角の測定例[22]

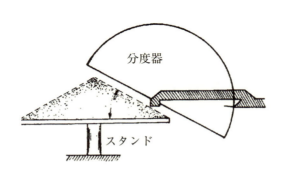

図 162 分度器による安息角の測定[2]

1.2 粗比容（嵩密度 ρ_a の逆数）

内径 40 mm，高さ 80 mm，内容量 100 cm³ の円筒容器に，排出口が容器の上面から 38 mm の高さの漏斗を用いて約 120 cm³ のサンプルを入れる。漏斗出口のシャッターを一気に開けてサンプルを容器に充満させ，余分なサンプルを容器上面ですり切った後，容器に詰まったサンプルの重量を測定して次の式で粗比容を計算する。

粗比容（ml/g）= 100（ml）/ サンプル重量（g）

JIS 規格である嵩密度測定器例を表 41 と図 163，164 に示した。図 164 は筆者が食品顆粒の粗比容測定に使った器具の例である。JIS では JIS K 6721 塩化ビニル樹脂試験方法として紹介されている。図 165 は試料堆積後にヘラで試料をすり切る様子を示した。

粗比容の測定例としてコーヒーのデータを紹介する。図 166 は黒丸が回転円盤方式で噴霧乾燥したコーヒーの粉末，二重丸が加圧ノズル方式で噴霧乾燥したコーヒーの粉末である。特徴は，製法が多少異なるが，大きい粒子径の方が粗比容が小さくなる傾向にあり，ほぼ直線的な相関があることがわかった。食品のデータはこれだけであるが図 167 のように KNO_3 や $CaCO_3$ のような化学品についても同様な傾向が見られ，これは粉体全般の特性と考えられる。

1 粉体物性測定

表 41 嵩密度測定器の JIS 規格例（自然堆積法）[2]

番号	物　質	名　称	操　作	
			堆　積　方　式	すり切り方式
K 2151	コークス類	かさ比重	落下高さ 30 cm	水平面上下に均等に分布
K 3362	合成洗剤	見掛け密度	漏斗（ダンパ付き）	ガラス棒ですり落とし
K 5101	顔　料	か　さ	ふるい付き漏斗	へらでならす
K 6221	造粒カーボンブラック	見掛け比重	落下高さ 5 cm	定規で払い落とし
K 6722	塩化ビニリデン樹脂	かさ比重	漏斗（ダンパ付き）	ガラス棒ですり落とし
K 6891	四フッ化エチレン樹脂成形粉	見掛け密度	漏斗（ダンパ付き）	平板ですり落とし
K 6892	四フッ化エチレン樹脂ペースト押出成形物	見掛け密度	漏斗（ダンパ付き）	平板ですり落とし
K 6911	熱硬化性プラスチック*	見掛け密度 かさばり係数**	漏斗（金属板底付き）	直定規ですり落とし
R 6126	人造研削剤	かさ比重	漏斗（ストッパ付き）	金属板ですくいとる
Z 2504	金　属　粉	見掛け密度	漏斗	へらでかきとる

注）*漏斗から注ぐことのできる場合，**成形品の密度/見掛け密度

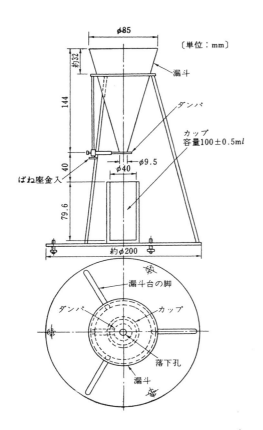

図 163-① 見かけ密度測定器（JIS K 3362）[2]

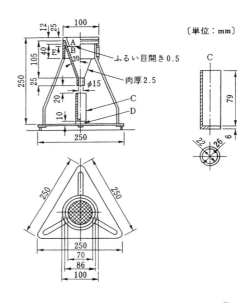

図 163-② 嵩密度測定器（JIS K 5101）[2]

第7章　造粒プラントの品質管理

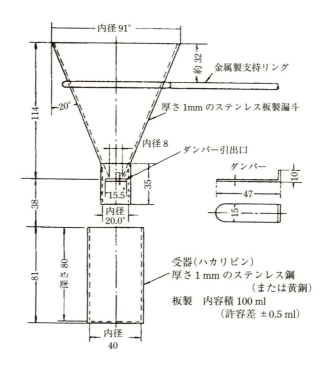

図164　食品顆粒の粗比容測定に用いた器具の例[2]

図165　試料堆積後にすり切る様子[22]

1 粉体物性測定

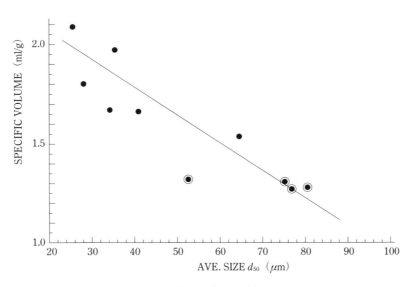

図166 コーヒー粉体の粒子径と粗比容の関係

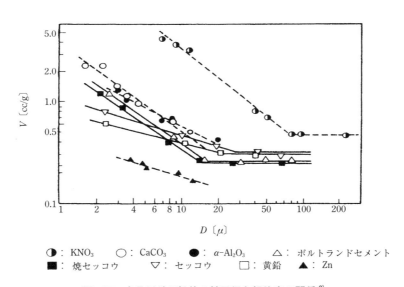

●: KNO_3　　○: $CaCO_3$　　●: $\alpha\text{-}Al_2O_3$　　△: ポルトランドセメント
■: 焼セッコウ　　▽: セッコウ　　□: 黄鉛　　▲: Zn

図167 食品以外の粉体の粒子径と粗比容の関係[2]

第 7 章　造粒プラントの品質管理

1.3　密比容（密充填嵩密度 ρ_c の逆数）

粗比容の測定に使う容器に高さを継ぎ足すキャップをつけ，サンプルが 150～200 cm³ 入るようにして粗比容の時と同様にサンプルを詰める。20～30 mm の振幅で 180 回タッピングした後にキャップを外し，粗比容と同様な方法で密比容を求める。タッピングの回数は 50～300 回で大差ない。原料により回数を多く必要とする場合があるので，初めての試料では確認が必要である。密比容の測定器具を図 168 に示した。

またホソカワミクロン㈱のパウダーテスターによる密比容測定の例を図 169 に示した。パウダーテスターはコンピューターが内蔵されており，機械が密比容を計算してデータを集計してくれる仕組みになっている。

　　密比容（ml/g）= 100（ml）/ サンプル重量（g）

1.4　圧縮度

圧縮度は，ρ_c：密充填嵩密度，ρ_a：粗充填嵩密度（単に嵩密度と呼ぶ）とすると，次の式で計算する。

　　圧縮度 $\psi(\%) = (\rho_c - \rho_a) \times 100 / \rho_c$

1.5　顆粒強度

JIS では錠剤の強度を意識した方法が図 170 のように定められている（JIS Z 8841-1993）。しかし 1 mm の顆粒のような食品の造粒物には，JIS の方法は実際の問題の検討には適さないことがあり筆者らは独自の方法を考案した。その方法は，顆粒を一定の容器に入れて 1 時間振と

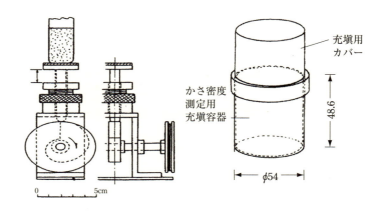

図 168　密比容測定用具（左：タッピング機，右：充填容器とキャップ）[2]

1 粉体物性測定

図169 ホソカワミクロンのパウダーテスター法[22]

うさせた時に発生する破砕粉体の量で表す方法である。この方法は第2章1節の押出造粒の特性の項でも紹介したが，図171に示した粉化率の測定方法である。例えば粒径300 μm～1,400 μm の造粒品の場合，開口300 μm の篩で300 μm 以下の粒子を分離除去後，その試料50 g を200 ml のスチロール製サンプル容器に入れる。図171の振とう培養機を利用してフラスコの代わりにスチロール容器を輪ゴムで固定し，振幅45 mm，振動数300 rpm で1時間振とう（図171の右の図のイメージ）後，新に発生した300 μm 以下の粒子の量を測定して50 g に対する百分率で表し，これを粉化率とする。この数値が3%以上の時は，包装工程で袋容器の縁に微粉が付着してシール不良を起こす確率が高い。またこの粉化率が大きいことは顆粒が崩れやすい証拠になるので顆粒強度の指標に使える。押出造粒品はこの値が1%以下で比較的しっかりした顆粒であるが，撹拌造粒品や流動造粒品は粉化率が3%近くになるので，造粒条件をしっかり見直して粉化率が3%以下になるように設定しなければならない。

粉化率(%) = (新たに発生した微粒子の量) × 100 / (サンプルの量)

この粉化率が3%以上では包装のシール不良が多い。

1.6 飛散率

粉体を取り扱う時，粉が舞い上がり使い勝手や作業環境を悪化させる。この粉が舞い上る具合を数値化したのが粉体の飛散率である。これは造粒ハンドブックにも紹介されている。その例を図172に示した。内径122 mm の円筒容器の中で，1.1 m（円筒の高さ1.2 m）の高さから約50 ml（または40 g）のサンプルを落下させ，その2秒後に舞い上がった粉塵を6秒間吸引し，その捕集した粉塵量から次の式で粉体の飛散率を求める。

飛散率(%) = (吸引した微粉の量) × 100 / (サンプルの量)

これが1%以上では粉立ちが多く粉体でもイメージが悪い。造粒物ではこれが0.2%以上だと造粒物としては印象が良くない。

第7章　造粒プラントの品質管理

	平面荷重	点荷重	圧密荷重
圧縮／引張り	①(a)(b)	②	③
引張り	接着引張 ④	分割セル ⑤	圧裂引張 ⑥
衝撃	落下 ⑦	落槌 ⑧	リフター付回転ドラム ⑨
摩耗	回転ドラム ⑩	回転管 ⑪	流動層 ⑫
衝撃／摩耗	リフター付回転ドラム ⑬	ボールミル ⑭	振動 ⑮

図170　JISの顆粒強度測定法の例[2]

SA320型（垂直回転振とう）

図171　振とう法による粉化率の測定法の例

1 粉体物性測定

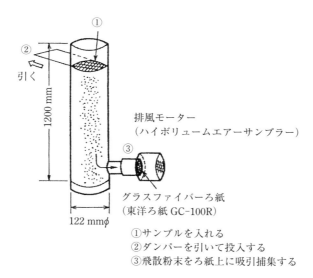

図 172 飛散率測定装置[2]

1.7 流動性指数

粉粒体の流れやすさやサラサラ性を表す指標として Carr の流動性指数が良く使われる。この Carr の流動性指数の求め方はいくつか紹介されている。一番簡単なのが表 42 を使う方法である。表 42 の安息角，圧縮度，スパチュラー角，均一度，凝集度を求め，これらの指数を足し合わせる方法と次の簡略法（筆者らが現役の時に使った方法）がある。

Carr の流動性指数 = (安息角の指数 + 圧縮度の指数) × 2

このほか計算式で求める方法も 2 通りある。

Carr 指数 $R = 39.017(粉) + 78.485(A/P) - 69.445 \sin\theta$
  $55.369(粒)$
  A：密比容，P：粗比容，θ：安息角

$R = 118.25 - 77.63(圧縮度) + 12.54(粉 = 0, 粒 = 1) - 55.48 \sin\theta - 8.15 \sin\alpha$

α：スパチュラー角

簡略法の例として安息角が 30° で圧縮度が 10% の時は表 42 より，安息角の指数は 22.5，圧縮度の指数は 22.5 であるから上記の式より，

Carr の流動性指数 = (安息角の指数 + 圧縮度の指数) × 2
  $= (22.5 + 22.5) \times 2$
  $= 90$

となり，表 42 から Carr の流動性指数 = 90 が求まる。流動性の程度は最も良好になり架橋防止対策は「不必要」となる。

第7章 造粒プラントの品質管理

表42 Carrの流動性指数表[2]

略式Carrの流動性指数＝(安息角指数＋圧縮度指数)×2

流動性の程度	流動性指数	架橋防止対策	安息角 度	指数	圧縮度 %	指数	スパチュラ角 度	指数	均一度* —	指数	凝集度** %	指数
最も良好	90〜100	不必要	<25 26〜29 30	25 24 22.5	<5 6〜9 10	25 23 22.5	<25 26〜30 31	25 24 22.5	1 2〜4 5	25 23 22.5		
良好	80〜90	不必要	31 32〜34 35	22 21 20	11 12〜14 15	22 21 20	32 33〜37 38	22 21 20	6 7 8	22 21 20		
かなり良好	70〜90	バイブレーターが必要な場合がある	36 37〜39 40	19.5 18 17.5	16 17〜19 20	19.5 18 17.5	39 40〜44 45	19.5 18 17.5	9 10〜11 12	19 18 17.5		
普通	60〜69	限界点, 架橋あり	41 42〜44 45	17 16 15	21 22〜24 25	17 16 15	46 47〜59 60	17 16 15	13 14〜16 17	17 16 15	<6	15
あまり良くない	40〜59	必要	46 47〜54 55	14.5 12 10	26 27〜30 31	14.5 12 10	61 62〜74 75	14.5 12 10	18 19〜21 22	14.5 12 10	6〜9 10〜29 30	14.5 12 10
不良	20〜39	強力な対策が必要	56 57〜64 65	9.5 7 5	32 33〜36 37	9.5 7 5	76 77〜89 90	9.5 7 5	23 24〜26 27	9.5 7 5	31 32〜54 55	9.5 7 5
非常に悪い	0〜19	特別な装置と技術が必要	66 67〜89 90	4.5 2 0	38 39〜45 <45	4.5 2 0	91 92〜99 <99	4.5 2 0	28 29〜35 >35	4.5 2 0	56 57〜79 >79	4.5 2 0

*粒状または粒状の粉で均一度が測定できる場合はこの値を使用する。
**凝集性の強い微粉で凝集度が測定できる場合はこの値を使用する。

1.8 スパチュラー角

堆積した粉体層中に一定の幅 (22 mm) のスパチュラーを差込み，これを持ち上げてスパチュラー上に載った粉体層の傾斜角を測定する。次にスパチュラーに軽く衝撃を与え再びこの角度を測定し，この二つの角度の平均値をスパチュラー角とする。このスパチュラー角の測定の様子を図173に示した。

1.9 凝集度

凝集度は3種類の目開きの篩を目の粗い順に上から重ね，一定量の粉体を通過させた後，各篩の上の残量から求める。粉体の粒度は最下段の篩を全部通過することが条件である。したがって付着性粉体が対象である。

粒体は通過し易く，この値が0になるので別に均一度を定める。$\rho_a = 0.4 \sim 0.9$ g/cm^3 で200メッシュ全通過の微粉の場合，60, 100, 200メッシュの篩を積み重ねて試料を2g最上段の篩の上に乗せ1 mmの振幅で振動させる。振動時間 T (sec) は下式で求められる。

1 粉体物性測定

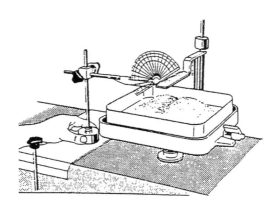

図 173　スパチュラー角の測定の様子[22]

$T = 20 + \{(1.6 - \rho_w) / 0.016\}$

　　$(\rho_w = (\rho_p - \rho_a) \times (C / 100) + \rho_a)$

また，上，中，下段の篩の上に残った粉体の重量 w_1，w_2，w_3 とすると，凝集度は以下のようになる。

凝集度 $= 100w_1 / 2 + (100w_2 / 2) \times (3/5) + (100w_3 / 2) \times (1/5)$

　　$\rho_a = 0.16 \sim 0.4$ g/cm^3 の粉体では 40，60，100 メッシュの篩を用いる。

　　$\rho_a = 0.9 \sim 1.5$ g/cm^3 の粉体では 100，200，325 メッシュの篩を用いる。

1.10　均一度

均一度は粒度分布のグラフから篩上の率が 40％の粒子径 D_{40} と篩上の率が 90％の粒子径 D_{90} を求め次の式で計算する。

均一度 $= D_{40} / D_{90}$

1.11　Carr の指数の計算例

Carr の流動性指数の計算例を表 43 に示した。この計算例の全 5 項目から求めた Carr の流動性指数と簡略式で求めた Carr 流動性指数は図 174 のようにかなり相関があり，略式が十分使えることがわかった。

略式で求めた Carr の流動性指数は正確に求めた Carr の流動性指数よりガラスビーズを除くと 4～16 ほど数値が小さいがグラフではかなり相関があり，そのことを加味すれば正確な Carr の流動性指数を予測することも可能である。

また圧縮度と Carr の流動性指数も図 175 のように，かなり相関があり，圧縮度だけでもおおよその Carr の流動性指数がわかる。

さらに，この圧縮度と Carr の流動性指数は図 176 の文献の情報とも良く一致していることが

第 7 章　造粒プラントの品質管理

表 43　Carr の流動性指数の計算例

試料粉体	平均粒径	1. 安息角	2. スパチュラ	3. 圧縮度	4. 均一度	5. 凝集度	Carr指数	Carr略指数
① Sic#60	0.25 mm	41° f1 = 17	36.5 f2 = 21	2.76% f3 = 25	1.49 f4 = 25	— f5 = 0	88	84
② Sic#90	0.149	38° f1 = 18	34.8 f2 = 21	7.20 f3 = 23	1.41 f4 = 25	— f5 = 0	87	82
③ トウモロコシ粉 500 μm >	0.187	48 f1 = 12	92.5 f2 = 2	42.5 f3 = 2	2.96 f4 = 23	— f5 = 0	39	28
④ 大豆カス 700 μm >	0.299	49 f1 = 12	56.0 f2 = 16	12.3 f3 = 21	3.72 f4 = 23	— f5 = 0	72	66
⑤ タルク	0.143	48 f1 = 12	65.0 f2 = 12	50.0 f3 = 0	— f4 = 0	56.0 f5 = 4.5	28.5	24
⑥ 重質炭酸カルシウム	0.0913	48 f1 = 12	58.0 f2 = 16	50.0 f3 = 0	— f4 = 0	93.5 f5 = 0	28	24
⑦ けい砂	1.30	42 f1 = 16	40 f2 = 18	9.9 f3 = 22.5	1.09 f4 = 25	— f5 = 0	81.5	77
⑧ ガラスビーズ	0.725	28.5 f1 = 24	11.0 f2 = 25	3.66 f3 = 25	1.26 f4 = 25	— f5 = 0	99	98
⑨ マイロ	0.693	59.0 f1 = 7	61.0 f2 = 14.5	29.1 f3 = 12.0	7.75 f4 = 20.5	— f5 = 0	54	38

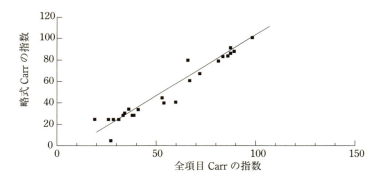

図 174　全項目 Carr の流動性指数と略式 Carr の流動性指数

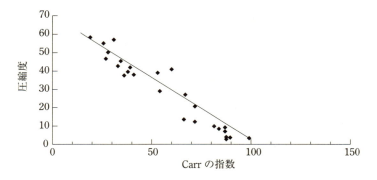

図 175　Carr の流動性指数と圧縮度の関係

1　粉体物性測定

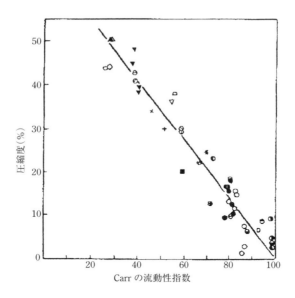

図176　文献のCarrの流動性指数と圧縮度の関係[36]

図177　カップ式自動計量機

わかった。このCarrの流動性指数の使い方を説明すると次のようになる。

　Carrの流動性指数が60以上では流動性が問題になることは少なく，ホッパーや貯槽の底面の角度など45°以上取ればハンマリングやバイブレーターなど架橋防止対策は必要がない。また製品の包装工程では図177のようなカップ式計量器による自動計量充填が可能である。造粒された顆粒のほとんどがCarrの流動性指数が70以上なので問題になることはない。またCarrの流動性指数が60以下40以上であれば製造設備において，ハンマリングやバイブレーターなどの架橋防止対策が必要であるが，包装工程では図178に示したスクリュー式（通称オーガー方式）計量器による自動計量，充填が可能である。

　Carrの流動性指数が40以下になると流動性が極めて悪くなるので製造設備，包装設備とも架橋防止対策が大変である。そのため造粒して粒のサイズを大きくするか，添加剤などの添加が

第7章　造粒プラントの品質管理

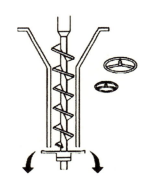

図178　スクリュー式自動計量機
一定容量の容器に落下させ容器を反転して充填，スクリューの回転数と回転時間で計量，充填。

可能な場合は添加剤を使用して流動性を改善するなど，製造方法を工夫する必要がある。いろいろ工夫しても Carr の流動性指数が 40 以下の場合は自動計量充填による包装は不可能になるので，期間従業員による手計量，手詰め包装にならざるを得ない。

1.12　粒度分布

この測定法には篩によるロータップ法とレーザー光線によるマイクロトラック方式が一般的である。他にも沈降法などが粉体工学便覧等に紹介されている。紙面の都合でここでは上記の2法につき特徴を説明する。ロータップ法は普通 200 mmϕ の JIS 標準篩を用い，試料 100 g を想定 d_{50} 近辺の目開きの篩いを中心に5段重ね最下段の皿を含め6段で10分間ロータップにかけて篩分けする。ロータップ時間が長いと粒が崩れる。測定に時間がかかるため多くの測定ができない等の理由で時間を変えてテストしたが，5分程度でも実用上問題ない誤差のため5分程度で測定することも多い。崩れ易い粒に対しては3分程度のロータップにするか振動篩を用いて粒の崩れによる測定誤差を小さくするなど，個別で測定条件の検討が必要である。また 100 μm 以下の微粒子は集合粒を形成しやすく，結果として粒度の値が実際より大きめに出るので注意が必要である。正確に測るにはマイクロトラック法（レーザー光線を用いた微粒子の粒径測定装置）が良いが，装置が1千万円もするので研究機関しか持てないのが実情である。このことを配慮して，ロータップ法の測定値を相対評価に用い，絶対評価が必要な時は研究機関に依頼しマイクロトラックで測定してもらい，ロータップ法との相関を求めておくと良い。

1.13　水分

通常，粉体の水分は乾燥減量法を用いるが，水分と一緒に蒸発する成分が存在する時は乾燥減量法では正確な値が得られないので，水分吸収溶媒を使うカールフィッシャー法を用いる。カールフィッシャー法も水分をすべてキャッチしてしまうので結晶水と自由水の区別がつかなくなる欠点がある。乾燥減量法でも試料が熱軟化したり焦げたりする場合は JAS 法のように真空下

1 粉体物性測定

(30 Torr) で 70℃，5 時間のような測定条件を用いることもある。最近良く利用される近赤外線による測定法は特定の波長の光を吸収する性質を利用するので予め乾燥減量法で測定し，特定波長の光の吸収率との相関を求めておく必要がある。それを求めておけばこの方法は測定が瞬時に行えるのでプロセスのオンライン測定にも使える。

1.14 溶解性

医薬関連の局方では錠剤の溶解性について測定方法が定められているが，食品ではそのような規定は見られないので各社で独自に決める以外に手がない。筆者は食品業界出身のため溶解性の試験方法は独自に決める必要があった。そこで食品の調味料について次のような方法を定めて対応してきた。図 179 のように 100 ml ビーカーに一定温度 (25℃等) の水を入れてマグネットスターラー (30 rpm 程度) で撹拌しながら，1 g の試料をこの水に投入して何秒で完全に溶解するか，その秒数で相対評価した。調味料では 60 秒以内が一応の基準であったが，ほとんどの調味料の顆粒は 30 秒以内にで完全に溶解していた。しかし食品でも即席スープの場合は実際の喫食のようにスープ皿にお湯を入れ粉体スープを投入して，その溶解の速さと，スプーンですくい上げた時にネバネバした溶解不十分の部分がどの程度残るかなどで評価するやり方で，その溶け具合を相対評価する方法を採用することが多い。

1.15 バルク顆粒品の貯蔵時の固結性

顆粒製品では水分が製造規格以内であるものの，500〜700 kg のバルク製品が保管中に粉体圧で固結することがある。したがって製品の固結は吸湿して水分が増加して起こる以外に，粉体の自重による粉体圧によって起こる固結もあるのでその確認が必要である。

水分の製造規格を決める際は吸湿だけでなく，バルク製品の保管時の粉体圧による固結も考えて決める必要がある。水分が低い方が固まりにくいのは確かであるが，乾燥しすぎて水分が低い

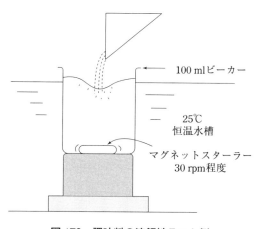

図 179　調味料の溶解性テスト例

第7章 造粒プラントの品質管理

と食品では味，風味，食感などが悪くなるので乾燥しすぎには注意が必要である。そこで実際の保管と同様に粉体圧を掛けた状態で，一定温度（常温25℃前後），低湿度（顆粒が吸湿しない程度の湿度，通常30～40％RH）で保管して固結の程度を確認する。円筒型貯槽の貯蔵時における粉体圧はJanssenの式が実際と良く一致すると言われている。図180のような円筒型貯槽（平底タンク）で内径 D (m)，深さ H (m) に嵩密度 γ (kg/cm³) の粉体を均一に充填した時，円筒上部より深さ h (m) の粉体圧を求める。円筒内壁との粉体の摩擦係数を μ_w とすると図180での dh 部分の力バランスは

$$\pi D^2 P_v / 4 + \pi D^2 \gamma dh / 4 = \pi D \mu_w K P_v dh + \pi D^2 (P_v + dp_v) / 4$$

これを解くと

$$P_v = \gamma D \{1 - \exp(-4\mu_w Kh / D)\} / 4\mu_w K$$

例として D = 1.2 m, H = 1 m，嵩密度 0.59 t/m³，内部摩擦角38°，壁面摩擦角20°である食品粉体とするとランキン係数 K は

K = 水平粉体圧力 P_h / P_v 垂直粉体圧力 = $(1 - \sin \phi_1) / (1 + \sin \phi_1)$
　　= $(1 - \sin 38°) / (1 + \sin 38°) = (1 - 0.208) / (1 + 0.208)$
　　= 0.656

$\mu_w = \tan \phi_w = \tan 20° = 0.364$

$4\mu_w K = 4 × 0.364 × 0.656 = 0.955$

垂直粉体圧力 P_v = 590 × 1.2 $\{1 - \exp(-0.955 × 1 / 1.2)\}$ / 0.955
　　　　　　　　= 406 kg/m²

この粉体圧力の理論計算から，貯蔵する700 kg入りコンテナーバックの底面における粉体圧

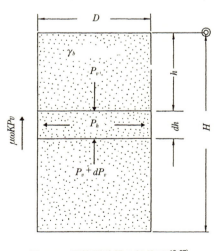

図180　円筒型貯槽の粉体圧 [16, 37]

2　粉体物性関連のトラブル例

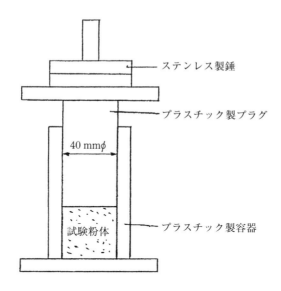

図181　粉体の圧密試験器具の例 [16, 37]

力を計算し，実験室レベルでそれと同じ現象が起こると想定されるモデル実験を行った。図181に示した内径4cmの円筒に試料30gを充填し，510gの錘を載せると試料粉体は粉体圧406 kg/cm^2 を受ける。この状態でこの製品の平衡水分を保てる相対湿度33％RHで5日間保持し，それでも粉体が固結しない程度の水分まで乾燥すれば良いことになる。

この例では吸湿のみ考えると水分2.5％まで乾燥すれば良いが，保管中の700 kg入りコンテナーバックの底面の粉体圧まで加味すると，水分2.3％程度で乾燥する必要がある事が分かった。

2　粉体物性関連のトラブル例

2.1　包装品の経時変化

吸湿固結開始湿度53％RHの顆粒製品を0.1 mmのポリエチレン袋に封入して販売したところ，半年ほどの販売店在庫品が吸湿固結した。

袋のシールには問題なかったが，ポリエチレンフィルムには僅かな透湿性があることが判明した。短期間の在庫では問題が顕在化しなかったが半年の長期在庫で問題が顕在化した。

以後，包材をポリエチレンからアルミ蒸着袋に変更したところ1年間の在庫でも吸湿しないことが確認できた。

2.2　造粒方法の違いによる固結性の違い

調味料のような食品は元々水に溶けやすい成分が多く，吸湿性もあるので高温多湿の台所や屋台の調理場では調味料を保管する場合，用済み後に直ぐ保管容器の蓋をしっかり閉める必要があ

第7章 造粒プラントの品質管理

る。しかし忙しい調理場では、そう厳密な管理は難しい。一般家庭のように小規模の台所では問題が顕在化しなかったが、1 kg など大容量の調味料を使うレストランや東南アジアの屋台では撹拌造粒法で製造した調味料が固く固結する問題が顕在化した。

同じ成分で製造されていた押出造粒法の調味料の顆粒は多少、吸湿してもスプーンですくい取ることが可能であったが、撹拌造粒法の調味料の顆粒は1 kg で吸湿した場合でスプーンも挿入できない位に固く固結した。問題提起を受けた当初は同じ成分だから固結の程度に差があるとは思えなかった。そこで確認のためにいろいろな湿度の環境下で保管テストを行ったところ、図182のような結果を得た。

同じ成分でありながら撹拌造粒品は図182のように相対湿度43％RHにおいて、「×」印のように振動させて崩れる程度の固結であるが確かに固結した。しかし押出造粒品は65％RHで（「××」印）吸湿固結はするが、43％RHや53％RHでは「▲」印のようにソフトな凝集は作るが固結までには至っていない。このことから同じ成分でも造粒方法の違いにより吸湿固結性に違いのあることがわかった。

参考のため、この吸湿固結試験方法について説明すると、図183の表のように、それぞれの塩類が過飽和状態（溶液の中に結晶が残る状態）の溶液をデシケーターの底に入れ、その上に40 mmφ 秤量ビンへ3 g 程度の試料を入れる。この時、22％RH～75％RHの6段階分6個の試料を用意する。秤量ビンの蓋を開けたまま各デシケーターに入れ5日間保持し、デシケーターから取り出す時は秤量ビンの蓋をして取り出す。秤量ビンを傾けたり指で軽く叩くなどして試料の固結の状態を調べた。図183のグラフは吸湿固結試験結果のイメージを説明するもので図182の再現ではない。

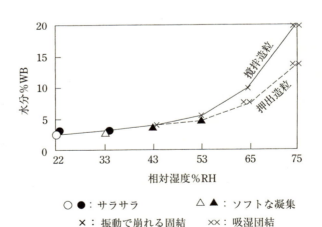

図182　押出造粒品と撹拌造粒品の吸湿試験結果[4]

2 粉体物性関連のトラブル例

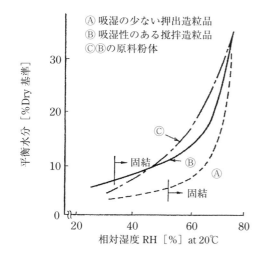

図183 吸湿固結性の確認試験の説明図 [4]

2.3 造粒製品タンク底面固結トラブル

1 mmϕ × 1 mm の押出造粒製品を製品タンクに8トン仕込んで包装工程の運転を開始したが,製品タンクから製品顆粒が排出されず包装作業が停止した。製品タンクの上部のマンホールを開けて点検したが上層部に製品顆粒の固結は見られなかった。そこで製品タンクの底面付近を調べるため 10 mmϕ のステンレス製のパイプ(両端を塞いで粉体が侵入しないようにした(長さ5 m))を突き刺して調べたところ,製品タンク底面付近に固結が発生していることがわかった。製品の上層部が固結していなかったことから輸送空気の相対湿度が高すぎたことは考えられないのでタンク底面付近の温度を調べた。

その結果,製品タンクの底面がある部屋の冷房温度が通常28℃設定のところが,当該の階で作業するオペレーターが暑がって20℃設定にしていたことがわかった。

製品顆粒は空気輸送で送られ温度35℃で製品タンクに供給されていた。図184のように乾球温度35℃では相対湿度は45%RHで吸湿しないが,製品タンクの底面付近が20℃になると相対湿度は100%RHとなり,過冷却状態になってタンク底面付近が結露状態であったことが原因であった。図184のように底面の部屋の温度が28℃であれば少なくともタンク底面付近内部の相対湿度は65%RH以下で,正常状態と記した45%RHとの間の湿度状態となると考えられ,製品が吸湿することはないと考えられた。

181

第7章　造粒プラントの品質管理

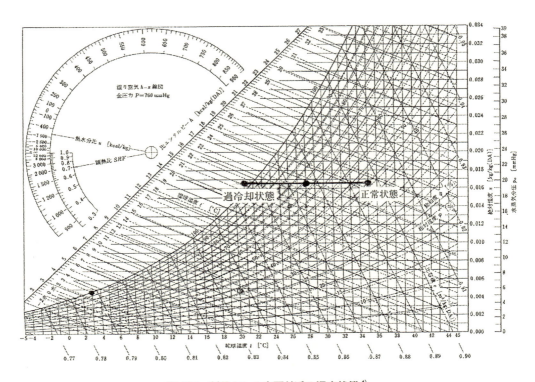

図184　製品タンク底面付近の湿度状態[4]

3　異物混入防止対策

3.1　異物混入問題の現状と課題

3.1.1　総論

　食品製造においては美味しさも大切であるが安心，安全が何よりも大切である。美味しい製品でも異物混入や微生物汚染のトラブルを起こすと企業は信用を失うことはもとより，消費者に多大な迷惑を掛けることになる。

　最近の異物混入事故を見ると経営者の怠慢が目に付く。それに引き替え老舗と呼ばれる店は経営者の品質に対する拘りが功を奏し品切れになるくらいに良く売れている。遠方から買いに来るお客もいるほどである。

　要は経営者が品質に拘りを持てば製造責任者から従業員まで品質に拘りを持つようになり異物混入事故など絶対起こさない。万が一異物が混入しても，それが消費者に渡ることはない。自社内のチェックで発見されて消費者に渡る前に除去される仕組みができているからである。

　微生物汚染や異物混入といった品質問題は食品産業に従事し製品を世の中に送り出す者として，いかに消費者に美味しさと安心・安全を届けるのが最大の任務であり，それは先にも述べたように経営者のみならず管理者，従業員に至るまで徹底させなければならない。

3 異物混入防止対策

食品業界ではHACCPの認証を取得すれば安心と勘違いする向きが多いが油断は大敵である。認証を取得した大手企業が微生物管理のずさんな実態をさらした事例が過去にも見られた。HACCPの認証も大切だが，それを初期の狙い通り運用することがより大切である。

製造ラインで仕事をしていると目の前に流れる製品は自分や自分の家族が口にする可能性のあることをつい失念するが，それが最も危険である。先にも述べたように上司の関心のないことは部下も関心がなくなり事故に繋がる。日頃から製造ライン長は毎日，経営者も月に1回位は製造ラインを視察して従業員に安心・安全の大切さを意識させる必要がある。

例えば，設備を金属のヘラで擦った際の削り粕が出ることを心配して，水洗などで削り粕を完全に取り除いてから生産に入るなど従業員も注意深く作業することになる。これらのことは当たり前ではあるが工場に入ると忘れてしまう。その危険を回避するため筆者はオペレーター教育を年間2回行っていた。工場では金属異物は金属探知器による検出が良く試みられるが，検出感度を上げると誤作動し易くなるので要注意である。機械の振動のある工場内では検出感度を上げ過ぎると誤作動の原因になる。この金属異物を中心に非鉄金属やプラスチックといった異物を100％検出して排除する技術はまだ存在しない。そこで如何に異物を検出し除去する確率を100％に近づけるのか，その工夫が大切である。

3．1．2　食品製造における異物混入事故の分析

異物除去技術を語る前に文献等で紹介されている異物問題をレビューしてみる。

食品の品質苦情の内訳を見て多い順に並べると，異物：34％，風味異常：11％，カビ酵母：10％，形状不良：8％，他：29％となっており異物の苦情が最も多い。この異物を異物の種類毎に見ると表44のように虫が21.2％と最も多く，次いで金属17.4％，毛髪7.4％，ガラス片5.0％，プラスチック・ゴム4.2％，ビニール・紙等4.2％，石・砂3.7％の内訳となっている。これらは'90年4月〜'97年1月と18年以上前のデータであるが図185の平成26年度のデータでも食品への異物混入の事故の内容は変わっていない。

表44で意外に混入異物が不明なものが多いが，実際に苦情に対処すると異物があまりにも微量過ぎて異物の正体が特定できないことも多いので頷ける数値である。

図185の平成26年度の国民生活センターのデータは先にも触れたが，表44の20年前のデータと非常に近似している。食品への異物混入のパターンが変わっていないことを示している。

20年前の1,491件のうち，身体に危害を及ぼしたのが171件と11％強に及んでおり対策の重要性が伺い知れる。

具体例として[3]

  ① 歯が欠けた等．．．．．．．．．79件　（46.2％）
  ② 切り傷．．．．．．．．．．．．．．20件　（11.7％）
  ③ すり傷．．．．．．．．．．．．．．17件　（ 9.9％）

が挙げられ，要因となった異物としては，

  ① 石，砂．．．．．．．．．．．．．．29件　（17.0％）

第 7 章　造粒プラントの品質管理

表 44　異物苦情の内訳例（'90 年 4 月〜'97 年 1 月の 1,491 件）[34, 38]

	混入異物	発生件数と割合
1	虫	316 件　(21.2%)
2	金属（ネジ，針金，釣り針，釘等）	259　(17.4%)
3	毛髪	110　(7.4%)
4	ガラス片	75　(5.0%)
5	プラスチック，ゴム	62　(4.2%)
6	ビニール，紙，布	62　(4.2%)
7	石，砂	55　(3.7%)
8	木片	15　(1.0%)
9	その他	144　(9.7%)
10	不明	263　(17.6%)

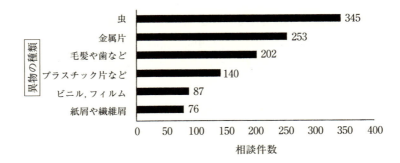

図 185　平成 26 年度異物混入相談件数 [34]

　② 針，針金，釣り針，釘‥　24 件　（14.0%）
　③ その他金属‥‥‥‥‥　22 件　（12.9%）

　これは金属を中心とした異物の対策が，いかに必要であるかを物語っている。この他，虫，髪の毛等は健康に及ぼす影響は小さいが感覚として大変気持ち悪い物である。その意味で異物は危害を及ぼす可能性のある異物と，危害は少ないが不快な異物に分けられる。
　①危険異物：金属片，ガラス片，硬質プラスティック，硬い木片，陶磁器，小石，砂，硬い骨，貝殻，イエバエ，ゴキブリ，鼠とその糞など健康に害のある物
　②不快異物：毛髪類，虫体，布片，紙片，軟らかいプラスチック，塗料の破片など健康の害の少ない物

　こうした異物を異物と認識するためには，肉眼で認識できる大きさであるものと捉えることができる。したがって微生物など目に見えない物と区別すると，単一に存在する異物ではその大きさの境目は 0.3 mmφ（300 μm）と考えられる。
　また牛乳の異物検査のように白い濾紙で濾過して濾紙が黒く汚れる程度で異物と認識する場合もあるので，これらをまとめるとやはり肉眼で確認できるものが異物ということになる。

3 異物混入防止対策

微生物のように目には見えないが検査で検出できるものもあるのでそのことは忘れてはならない。

3.1.3 異物混入の要因分析

異物混入問題の要因を整理すると表45のようになる。この表45を見ると原料由来のボルト，小石，虫などの他，外部から飛来する虫，雀，排水溝から侵入する鼠の他，水溜まりで発生する小バエがある。さらに清掃や工事の時の忘れ物としてドライバー等，工具類もある。また自工程の機械部品の破損，脱落，オペレーターの持ち込む毛髪，名札の他イヤリング，指輪まである。

特に虫については，

① どのような虫がどこにいるか
② どれくらいいるか
③ それはどこから来るか

の確認が重要であり文献[4]によると図186と表46のようなデータがあり，虫は外部からの飛来や排水溝から侵入するものが多いことがわかる。筆者の経験でも同様で，さらに原料に付着した卵の内部生息も大きな原因であり，餌になる工程内の原料粉塵を徹底的に除去して防虫対策をし

表45 起こりがちな異物発生要因 [34, 38]

大分類	中分類	小　分　類
外部要因	外部混入物	虫，鼠：ハエ，ゴキブリ，小バエ，鼠，雀
		原料由来：ボルト，鉄錆，虫，小石，ブラシ，木片，釣針
		工具類：レンチ，ドライバー，清掃ブラシ，溶接棒，布
内部要因	人の持込み	毛髪，名札，時計，ペン，イヤリング，指輪
	機械部品等	脱落：ボルト，ナット，ビス，ピン
		老朽：腐食，損傷
		粉砕機のスクリーン，ハンマーの欠損，篩分機の網の欠損
		その他：機械の塗料，鉄錆，配管のスケール，潤滑油
	機械の付着物	清掃不良残渣，焦げ，内部発生カビ，溶接のスパッター

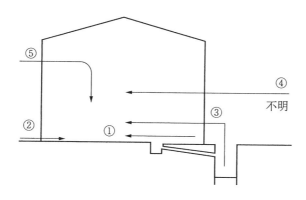

図186 主な虫の工場内への侵入ルート [34, 38]

第7章　造粒プラントの品質管理

表46　虫の工場内への侵入ルート別比率[34,38]

	A工場	B工場	C工場	D工場
飛 来 侵 入	62.6%	66.0%	68.5%	52.8%
歩 行 侵 入	6.5	3.3	5.5	2.8
排水系侵入	12.0	29.8	24.7	41.1
内 部 生 息	18.9	1.9	1.4	3.8
内部生息食品害虫	1.3	0.4	0	0.2

（注）7日間の粘着トラップ＋リボントラップの捕獲数より算出[35]

たこともある。要するに繁殖するための餌がなければ虫も繁殖できないのは明らかである。
　以上の虫類の他，自工程の機械部品の破損，脱落，オペレーターの持ち込む毛髪，名札の他，イヤリング，指輪まである。異物混入事故については設備の部品が削れて入る継続的混入の場合と，原料由来やオペレーターの所持品の混入事故のようにスポット的に混入する場合がある。いずれにせよ，それは出荷量から考えると，その比率はppmのレベルであるが，その商品を購入した消費者にとっては100%の確率であり，事故に遭遇すれば恐らくその消費者は，その会社の商品を二度と購入しなくなる危険もあることを自覚すべきである。
　ファーストフードから人の歯が出てきた事故は耳新しい。これは，その事故の対応の甘さを感じる。製造工程で歯を混入させた者は自覚があるはずである。事故を起こした時，その該当者が直ぐ上司に報告できるよう日頃から指導していれば，お客に商品が渡る前に事故のロットを排除できたはずである。悪い情報こそ上司に上がり易い風土造りが大切である。悪い情報が上がったら良く報告してくれたと褒めることを忘れてはならない。渋い顔で叱れば悪い情報は上がりにくいのは当然である。事故を起こした製品は全量廃棄する位の英断が必要である。そこでコスト意識が働くと対応に詰めの甘さが出るので品質第一でコストを忘れることが大切である。対応が甘いと，そのしっぺ返しは大きい。クレームはもちろん，会社の存続さえ危険にさらすことになる。事故の時，従業員が素直に申し出易い職場の風土作りと経営者の大胆な判断が必要である。
　最近は正規従業員より契約社員が多く，つい隠蔽したくなる体制が多いが最低でも各工程に1名以上の責任感の強い正規従業員を配置し，監視とオペレーターの教育，啓蒙を計る体制が必要である。特に最近のように海外生産の多い時代には責任感の強い日本人か，しっかり教育し信頼できる現地スタッフを各工程に配置して監視とオペレーター教育を行うことが大切である。経営サイドではつい人件費を気にして，その体制造りが甘くなりがちであるが，事故を起こした時の代償を考えれば思い切った体制作りが大切である。事故を起こせば会社の存続すら危険にさらす事をしっかり自覚しなければならない。

3．1．4　異物混入防止策

　前項まで食品製造における異物混入事故発生の内訳と要因について解説した。ここでは各異物の要因別に，その対策について解説する。
　この異物混入防止対策の基本は良く言われることだが次の4点が挙げられる。

3 異物混入防止対策

① 異物を持ち込まない
② 異物を発生させない
③ 異物を混入させない
④ 混入した異物は検知・除去する

具体的には次に示した7項目が考えられる。

①原料・包材の受け入れ管理

原料・包材の受け入れ時の抜き取り検査や投入時，使用時のオペレーターの目視によるチェックも重要である。

確率は決して高くないが目視結果の記録を残すこと，およびその記録の製造ライン長による確認によって，異物混入防止に対するオペレーターの関心が高まり異物を見逃す危険が少なくなる。

②異物混入防止の為の建物内外の環境整備

工場の外観を気にしてつい工場周辺に芝や樹木を植えがちであるが，それらは虫の巣になるので工場の外壁から5m以内には芝や樹木を植えてはならない。

図187，図188のように工場出入り口の「二重シャッター」を設置して虫の侵入を防ぐ。

工程内に入り込む異物は原材料の包材の表面に付着して混入するもの，オペレーターなど人によって持ち混まれるものがあるので原材料は，その外側をクリーニングして持ち込むことが必要である。

3.1.5 オペレーターの衛生管理

オペレーターについては髪の毛や所持品で持ち込む危険があるのでエアーシャワーはもちろん，図189のように粘着テープの付いたローラーで作業衣の周りに付いた髪の毛やホコリを除去する。しかし最近は図190のように，電気掃除機のように髪の毛を機械で吸い取る方法を採用する企業が多く見られる。また作業服の名札は刺繍にすることや，作業服にはポケットを付けず余分な部品の持ち込みを防止することなどが重要である。時計や指輪，イヤリングなど工程の外で外してから入場させることは言うまでもない。

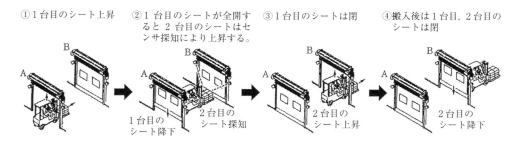

図187 工場出入り口の二重シャッターの仕組み [34, 38, 39]

第 7 章　造粒プラントの品質管理

図 188　実際の高速シャッタの写真例[15, 39]

図 189　粘着テープの付いたローラーで髪の毛を取る様子[40]

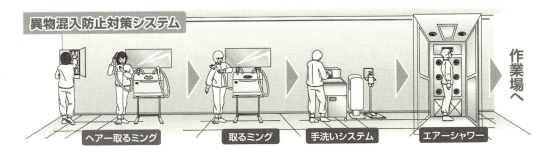

図 190　吸引機で髪の毛を取り前室から製造工程に入室する様子[41]
（説明の都合で左から2番目と3番目に吸引設備が2台あるが同一の設備である
抜けやすい髪の毛を除去してから帽子を被り，白衣と帽子のホコリを除去する）

3.1.6　機械・設備の保守点検

　機械を定期的に整備し，部品同士が接触して削られる事故を防ぐと同時に，ボルトなど脱落して紛失した部品を直ぐ補充することが大切である。筆者は工程から製品500gを1時間に1回抜き取り溶解して異物検査することで，装置の部品同士の接触による削れトラブルを発見した経

3 異物混入防止対策

験がある。最近話題の異物混入事故でもオペレーターの手袋を青色にしたまでは良いが、定期的な異物検査を行っていれば万が一落とした手袋が機械に巻き込まれ異物混入事故になっても、かなり早い段階で発見でき、少なくとも消費者に迷惑を掛けずに済んだと考えられる。

3.1.7 製造工程中での異物検知・防止対策

オペレーターの衛生管理や機械の保守点検も大切だが、建物や設備の異常により混入する異物は継続して混入することが多く、先にも述べたようにゴムやプラスチック部品が削られて混入する場合でも1時間に1回、流れる原料の一定量を分解または溶解して調べると設備や工程の異常を早めに検知できることが多い。

設備の金属が削られて混入する場合は、ステンレスでも外力を受けることで磁性を帯びることがあるので永久磁石の設置でキャッチできる場合がある。心配な箇所（5箇所ほど）に永久磁石を設置して定期的に金属異物が捕獲されていないかチェックすると良い。もし1箇所でも永久磁石に金属が付着していれば直ちに運転を止めて原因究明を行うのは当然である。永久磁石の例を図191に示した。永久磁石がステンレスのパイプに差し込まれており、点検の時は引き出して白い紙の上でステンレスのパイプから永久磁石を抜き取れば、捕獲された金属異物が白い紙の上に落ちて発見しやすい。

3.1.8 虫、鼠類の防止対策と管理

防虫灯の設置と同時にエアーカーテンで虫の侵入を防止することや、排水溝へトラップを設置してネズミの侵入を防止することが大切である。排水溝のネズミ返しの例を図192に示した。

エアーカーテンの場合は、風の強さが弱いとハエなどがエアーカーテンを通過する危険があるので要注意である。エアーカーテンは図193と図194のように垂直流式と水平流式があり筆者は水平流型で風速17 m/sec位で運転したが、大きなハエが通過してしまい当時の工場長にお叱りを受けたことがある。最近では図195と図196のように2層のビニールカーテンの間に空気を高速で流し、虫を完全にシャットアウトできるエアーカーテンも登場している。

また図197のような捕虫器を設置して虫の捕獲数を毎月確認して記録し、その捕獲数の記録をライン長が確認することでオペレーターの関心が高まったり虫の混入防止対策に繋がる。また、その捕獲数が1年以上ゼロの記録が続けばHACCPの認証にも繋がる。捕虫器は水平に中央に設置した虫の好む365 nmの紫外線ランプで虫を誘引し、ランプの上下に設置した強力な粘

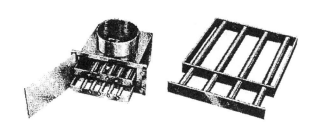

図191 永久磁石による金属異物検知の例[34,38]

第7章　造粒プラントの品質管理

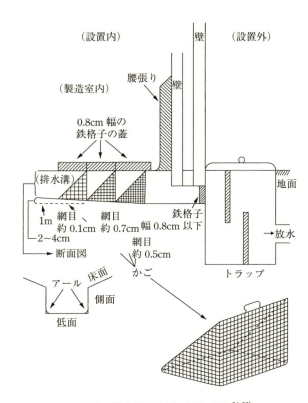

図192　排水溝のネズミ返しの例 [34, 38]

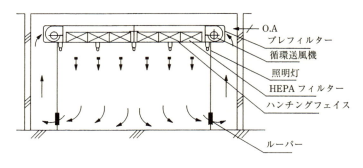

図193　垂直流型エアー・カーテン [42]

着力を持つ専用捕虫紙で虫をキャッチする仕組みである。

3.1.9　オペレーター個人の健康管理と作業標準の遵守

　必要により定期的な検便はもちろん，指などをケガしたオペレーターは食中毒の事故防止の観点から製造ラインに従事させないなどの管理が大切である。

3　異物混入防止対策

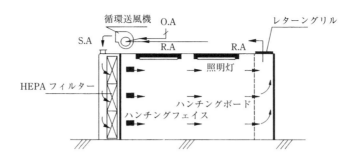

図 194　水平流型エアー・カーテン[42]

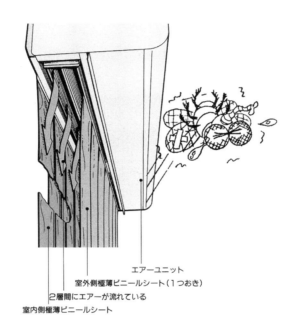

図 195　2層シート型エアーカーテン立体図[43]

3.1.10　5Sの励行とその実施状況管理

異物混入防止に対するオペレーター意識向上が大切である。そのため何らかの形で実施事項の記録を行い，その記録をライン長が確認することでライン長自身の意識が高まりオペレーターの意識も高まる。繰り返しになるが上司が関心のないことは部下も関心がなくなると考えることが大切である。

以下，この順序で異物混入防止策の設備，手法について解説する。

(1) 原料・資材の受け入れ管理

原料，資材，特に包材はフィルム包材の間に虫が挟まって納入される等，異物混入の危険があ

第7章 造粒プラントの品質管理

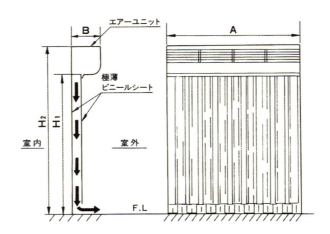

図196　2層シート型エアーカーテン側面図，平面図[43]

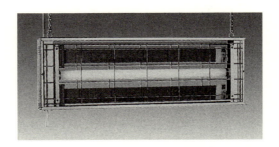

図197　捕虫器（虫ポン）[44]

る。原料も水産物への釣り針の混入や原料メーカーの設備のボルトの脱落混入等，異物混入の危険は多く存在する。

　これら原料・資材の受け入れ管理は次の4点が考えられる。
①　原料受け入れ時の抜き取り検査
②　工場搬入時に異物を除去
③　原材料メーカーの査察と異物混入防止の指導
④　原料の低温保管による害虫の繁殖，発育抑制

　筆者の経験によれば，これらの中でも②と③が異物混入防止の視点から比較的顕著な効果を上げている。筆者は製造現場の管理者の頃，記録の点検確認やオペレーターに話しかけることで意識の高揚を図った。

　食品工場の原料は，そのほとんどが農産物，畜産物，水産物であり泥や埃で汚染されたり細菌，昆虫類で汚染されている。したがって，これらの原料は工場へ搬入時に，こうした汚染物の除去処理が必要である。

3　異物混入防止対策

① 輸入穀物，果物は原料に付着して混入する昆虫類の駆除のためメチレンブロマイドによる薫蒸を行う。
② 国内原料は洗浄で泥や埃を取り除いた後，次亜塩素酸ナトリウムなどで殺菌する。
③ 乳糖，砂糖など粉体原料はオペレーターによる目視確認と篩分機によるゴミの除去
④ 液体原料は異物の濾過，殺菌が一般的である。

これら原料受け入れ時の処理を精選工程と称する。そのうち乾式精選と湿式精選があり，代表的なものとして次のようなものがある。

① 乾式精選
（1）篩分け：原料からサイズの異なった比較的大きな異物の除去。
（2）摩擦精選：原料同士を摺り合わせたり，回転ブラシで異物を取り除く。
（3）風力精選：風力を用いて図 198 のように原料と異物の比重差利用して小石など異物を取り除く。
（4）磁石精選：釘，針金，ビスなど磁気性金属異物を磁石で分離。（図 191 参照）

② 湿式精選
（1）浸漬：野菜類の根に付いた泥の除去時などに野菜を水に浸漬し泥を落ちやすくする。
（2）スプレー洗浄：網目状のベルトコンベヤ上の野菜，果物をスプレー水で洗浄。リンゴのように丸い物はローラーコンベヤで，グリンピースのような小さな物は振動コンベヤ上で洗浄。
（3）浮遊洗浄：食品の比重差を利用して洗浄。例えば腐ったリンゴは水中に沈み新鮮なリンゴは浮いて流れる。
（4）超音波精選：20～100 kHz の超音波で野菜中の砂，果物に付いたワックスを洗浄。

（2）建物内外の環境管理

昆虫類や鼠族の建物内部への侵入を阻止するためには，窓は防虫網を用いるより開閉不能の，いわゆるはめ殺し式が良い。つい開放するオペレーターがいるが，開放するとほぼ 100％の確率で虫，埃等が建家内に侵入する。

排水口は鼠族侵入防止のため図 192 に示した鼠返し（トラップ）の設置が必要である。またオペレーターの出入口及び原料・包材・製品等の搬出入口に関しても外部の汚染源を製造室内に

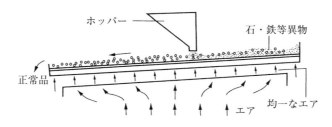

図 198　風力選別機の原理 [34, 38]

第7章 造粒プラントの品質管理

持ち込まないために前室の設置等が必要である。人が通行する前室は暗室にすることや昆虫を誘導しにくいナトリウム灯等の光源を用いる等の配慮が必要である。表47に各種光源の誘虫性を示した。また屋外に面したドアと作業場に面したドアが同時に開かない構造にするのが良い。

先にも述べたが，人が見た目に心地よい緑も防虫の観点からは問題になる。緑地が虫の繁殖の場を提供するので食品工場では外壁から5m以内には緑地は設けない。

異物混入防止の視点から食品製造工場の作業区域は，汚染作業区域と非汚染作業区域に分け，さらに非汚染作業区域は準清潔作業区域と清潔作業区域に分ける。これらの作業区域では空気清浄度で区分を行い，清浄度の高い順序に室内圧を高く保つ。一般的には汚染作業区域に対して準清潔作業区域では＋2～3 mmAq，さらに清潔作業区域では＋4～6 mmAq程度の陽圧状態に管理する。

異物混入の要因を解析すると表45のようになり，異物は原料由来のものの他に前工程の器具，装置部品，原料包材等工程においても異物混入の危険があることを示している。

造粒工場では粉砕機のハンマーやスクリーン，造粒機の羽根やスクリーン，篩分機の網等，破損しやすい部品が見られる。特に粉砕機のハンマーと篩分機の網の破損はそれが小さいので気が付きにくい。そこで毎日作業終了後停止して内部を点検すると良い。もし一週間点検しないで小さな破損が見つかると一週間分の製品が出荷できなくなる。

オペレーターによる異物の持ち込みも問題である。人が発生させる異物は，

① 髪の毛，体毛，血痕，爪等人体から出る物
② マニュキア，マスカラ，ピアス等装身具の混入
③ 使用器具，事務用品の混入

が主な物である。

毛髪は平均1日に55本抜けると言われており，個人差はあるが1日8時間労働として作業中に毎日20～30本抜けている。これが異物にならないようにするにはきちんと決められた帽子を着用することである。白衣は毛髪だけでなく体毛の抜け落ちにも注意して，袖口，ズボンの裾は

表47 各種光源の誘虫性 [34,38]

光　　源	白熱電球を100とした時の誘虫性〔％〕
低圧ナトリウム灯	4
準黄色蛍光灯	8
高圧ナトリウム灯	35
虫よけ蛍光灯	49
白熱電球	100
白色蛍光灯	113
メタルハイライトランプ	135
白色自然蛍光灯	158
高圧水銀灯	260
捕虫用蛍光灯	1,300

3　異物混入防止対策

閉まったタイプが望ましい。更衣室は作業用の白衣や内履きと場外用の作業衣，作業靴の置き場を離し，クロスコンタミしないようにする。白衣に着替えて製造室に入る前にはエアーシャワーを通過することはもちろん，それだけでは更衣中に白衣に付着した毛髪は除去しきれないので，図189に示した粘着テープの付いたローラーでこすり取る。または図190のようにバキュウムホースで吸い取る等を行い，製造室への毛髪の持ち込みを極力抑える。白衣に着替えるとき，ピアス，指輪，時計等の装身具は全て外す。白衣はポケットを無くし，どうしても持ち込みが必要なときのために内ポケットを一ヶ所だけ付ける。白衣の名札は縫いつけるか刺繍にする。白衣はボタンは使わず，全てファスナーにする。更衣室から製造室に入る所には手洗い消毒ができる設備と全身が写せる鏡を設置し，オペレーター全員が自分で自分の服装や髪の毛の付着がないか確認できるようにする。

3.1.11　異物検出除去装置

以下，異物の検知と除去の方法に付いては一般的に次のようなものがあり予測される異物により適度に使い分けられる。

①　篩分法	②　風力選別，比重選別法
③　永久磁石，電磁石等磁性による分離法	④　金属探知器による方法
⑤　静電気利用の選別機	⑥　目視選別法と画像解析による方法
⑦　色彩選別機	⑧　X線利用による検知選別機

これらのうち画像解析法と色彩選別機は新しい技術で実用例は少ない。これらを個別に解説すると

①　風力選別機

これは原料と異物の比重差を利用したもので原理的には図198のように，原料より重い石や鉄，逆に軽い藁，木屑，紙屑のような異物の分離に適している。

②　磁石

磁石は永久磁石と電磁石があるが，電磁石は電気を止めればキャッチした異物を除去しやすい反面，構造が複雑になり，洗浄しにくい欠点がある。永久磁石は図191のように12,000ガウスのネオジム（Nd）系，9,000ガウスのサマリウム（Sm）系，2,200ガウスのフェライト（SSR）系が市販されているが，実績としてはSm系，Nd系が多い。永久磁石を混合機の後，造粒機の後，篩分機の後のように多段に設置することで，一度キャッチされた異物が原料に押し流されても別の磁石でキャッチできることや，原料由来，部品の脱落等トラブルの原因特定にも使えるといったメリットがある。

③　金属探知器

金属探知器の原理は図199に示したように，検出部は1個の発信コイルと2個の受信コイルから構成されている。発信コイルに高周波電流を通電すると高周波電磁界ができ，電磁束は2個の受信コイルに等量に通るように配置されている。受信コイルは貫通する高周波電磁束に比例

第7章 造粒プラントの品質管理

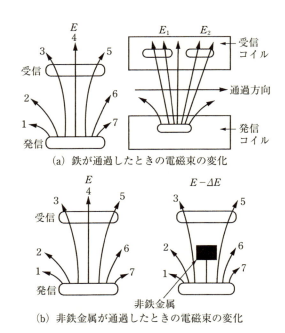

(a) 鉄が通過したときの電磁束の変化

(b) 非鉄金属が通過したときの電磁束の変化

図199 金属探知器の原理図[34, 38]

して高周波電圧 E_1, E_2 を誘起する。

　通常は $E_1 = E_2$ であり検出部に電気を通さない物を通しても $E_1 = E_2$ は変化しない。しかし電気を通す物，磁石に吸引される物を通過させると電磁界が乱れ $E_1 = E_2$ のバランスが崩れて金属異物を検出する。$\Delta E = E_1 - E_2$ とすると鉄を通過させた時，鉄により新たに形成された電磁束がそれまで受信コイルを通過していない周囲の電磁束を鉄の方向に曲げて受信コイルを通過させるため，ΔE を増加させて鉄を異物として検出する。非鉄金属でも銅のように電磁束により銅の中で渦電流が流れる物は，電磁束を渦電流による熱に変換するので受信コイルの受ける電磁束が減少し ΔE が減少するため銅を異物として検出する。この渦電流損失は異物の半径の2乗に比例するので針金のような細長い物は検出しにくい。渦電流は金属の固有抵抗に反比例して小さくなるが，表48に示したように金属の種類によりその固有抵抗が異なり，同一金属系では純金属ほど固有電気抵抗が小さく検出されやすい。合金になると固有電気抵抗が大きくなり検出されにくい。したがってステンレスは鉄より検出されにくい。この金属探知器は発信コイルと受信コイルの距離，すなわち検出部の高さによって異なり，国内メーカーのカタログによると表49のように検出部の高さにより検出できるSUS球の大きさが異なる。この表からわかるように金属探知器には検出限界があり，さらにこのデータのような機械の振動のない試験室のデータと機械の運転振動のある実際のプラント内では検出限界も異なる。したがって金属探知器だけに頼らず，永久磁石や心配な設備の定期点検等，複数の手段を考えるのがよい。

3 異物混入防止対策

表48 各種金属の固有電気抵抗（$\mu\Omega\cdot cm$, 20℃）[34,38]

金属	金属名	固有電気抵抗 （$\mu\Omega\cdot cm$, 20℃）
純金属	銀	1.62
	銅	1.68
	金	2.4
	アルミ	2.75
	亜鉛	5.9
	鉄	10.0
	スズ	11.8
	鉛	21.9
合金	ジュラルミン	3.4
	真鍮	5〜7
	鋼	20.6
	SUS 304	70〜82

表49 検出部の高さとSUS球の検出限界[34,38]

検出部の高さ 〔mm〕	検出できるSUS球の大きさ 〔mmϕ〕
80	0.7
100	1.1
150	1.3
200	1.6

④ 静電気利用

静電気を利用した異物選別機には茶の木茎の選別機の例がある。原理は誘電率，導電率の差を利用して茶葉から木茎，古葉を分離するもので茶は火入れにより導電率に差を生じる。図200のように回転するドラムの表面を導電体として接地し，ホッパーから供給された茶は回転するド

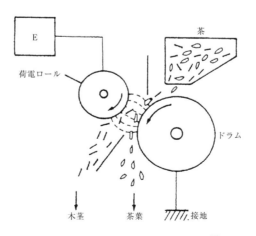

図200 静電気利用異物選別機の例[38]

第7章　造粒プラントの品質管理

ラムの上に均一に落とされる。

　回転ドラムの斜め上に荷電ローラーを配置し，荷電ローラーに静電圧を付加する。図のように二つのローラーの間隙と位置を加減すると茶葉と木茎が分離できる。この方法で良質の茶葉と木茎，古葉が分離できる。これは胚芽に混入した破砕米の分離にも応用されている。

⑤　目視選別
　食品製造では干しエビからの異物除去のように目視に頼らざるを得ない部分が多い。

⑥　X線検査装置
　X線とは図201に示したようにX線管から人工的に発生させた波長0.001～10 nmの光で，可視光線の400～500 nmより遙かに短くγ線に近い放射線である。したがって食品衛生法では「食品一般の製造加工及び調理食品を製造し又は加工する場合には食品に放射線を照射してはならない。食品の製造工程又は加工工程の管理のため照射する場合であって食品の吸収線量が0.10グレイ以下の時及び特別に定めをする場合はこの限りではない。」とあり，食品用のX線検査装置は厚生労働省が許可している。

　検出原理は図201のようにベルトコンベヤーで検体を流しX線を照射して透過線量の変化を測り異物を判定する。金属の他，骨，石，木片，プラスチック等が検出できる。ハム，ソーセージ用の原料肉の精選や冷凍食品，レトルト食品の検査に使われる。

　X線検査装置の原理は図202のように原料より密度の大きい物質がX線を良く吸収することから異物が検出できる。表50のように骨や鉄より密度の大きな鉛の方がX線を良く吸収することから，それが良く理解できる。X線検査装置の感度は表51のように金属探知器より小さなSUS球も検出できるが，測定環境により差が出るので過信は禁物である。

　X線検査装置の良いところは図203のビスケットの内部の例や図204の缶詰の内部の異物も検出できる点である。

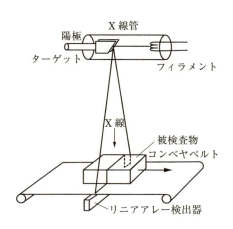

図201　X線検査装置の概略図[34, 45]

3 異物混入防止対策

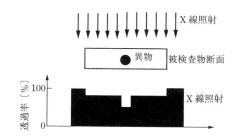

図202 X線検査装置の異物検出の原理図[34, 45]

表50 いろいろな物質のX線吸収量[34, 45]

元素名	水素	炭素	窒素	酸素	骨	鉄	鉛（散弾）
元素記号	H	C	N	O	Ca	Fe	Pb
原子番号	1	6	7	8	20	26	82
密度	0.09	2.25	1.25	1.43	1.55	7.874	11.35
原子番号・密度	0.09	13.50	8.75	11.44	31.00	204.724	930.7
X線吸収量	小さい ──────────────────────────── 大きい						

表51 X線検査装置と金属探知器の感度比較[45]

		X線異物検出機	金属検出機
異物のみ	Fe球	φ0.3 mm	φ0.4 mm
	SUS球	φ0.3 mm	φ0.7 mm
ウインナー	Fe球	φ0.6 mm	φ1.0 mm
	SUS球	φ0.6 mm	φ2.0 mm
	SUSワイヤー	直径0.28 mm	直径2.0 mm
	骨	厚み1.0〜2.0 mm	検出不可
アルミ包材食品	Fe球	φ0.5 mm	φ2.0 mm
	SUS球	φ0.5 mm	φ6.0 mm
	骨	厚み1.0〜2.0 mm	検出不可

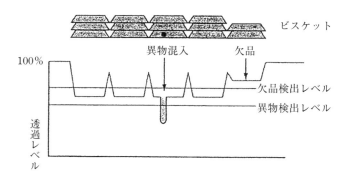

図203 ビスケット内部の異物の検出例[45]

第 7 章　造粒プラントの品質管理

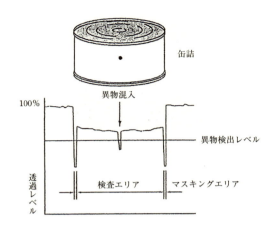

図 204　缶詰内部の異物の検出例[45]

3.2　微生物対策

　造粒物など粉体系食品でも微生物汚染が問題になることは意外に多い。微生物は異物混入の一種であるが肉眼では見ることができず、検査してはじめてわかるのでやっかいな異物である。さらに生物のため水分、温度、栄養分の三つの条件が揃えば汚染した時は問題ない量でも時間が経つと増殖して危険な状態になるのでやっかいである。法定では大腸菌郡が陰性であることが求められるが、一般生菌数は規定がなく東京都の条例で 100,000 個/g 以下の例はあるが法定ではない。乳製品は比較的多いがそれでも最低基準として 100,000 個/g 以下は守るのがあたりまえと考えられる。

　筆者の経験では 30 年以上前は一般生菌数、耐熱菌数、真菌（カビ、酵母）数、大腸菌郡を粉体食品でも検査していたが、最近では一般生菌数と大腸菌郡の検査に絞られている。

　一般生菌数も 100,000 個/g 以下のような緩い基準でなく、多くても 3,000 個/g 以下のような基準であったが、実態は 100 個/g 以下が多く、100 個/g 以上ではその企業の品質管理のレベルが比較されるので、ほとんどが 50 個/g 以下になるように原料の検査や設備の洗浄の確認などで対応していた。また経験的には一般生菌数が 100 個/g 以下では大腸菌郡は陰性のことが多かった。逆に一般生菌数が 100 個/g を超えた時は、原料や設備の洗浄の程度を疑って原因究明を行うくらいの方が確実な品質管理と言える。

　先にも触れた水分、温度、栄養分の三つの条件のうちのどれかを絶てば微生物の生育は抑制できる。

　したがって、目に見えない相手の制御は、
　① 食品に微生物を付けない（汚染させない）
　② 侵入した微生物を増殖させない（水分、温度、栄養分の条件の除去）
　③ 食品に侵入した微生物を殺菌する

3 異物混入防止対策

といった「付けない」,「増殖させない」,「殺菌する」の3要素を確実に実施することが食品の安全を確保する秘訣である。具体的には「清潔・迅速・温度管理」の3つの要素が重要で，これらを「食品取り扱いの三原則」と呼ぶ。すなわち食品の原料，製造装置，器具，製造場所，取り扱う人，が清潔であり食品中の微生物に増殖の時間を与えないことが大切である。

微生物の汚染も異物と同じく，原料由来，工程汚染の二つが考えられる。工程汚染では機械の汚れが原因でそれが増殖したものと，人間が持ち込むものの二通りがある。

3.2.1 持ち込まない

原料により持ち込まれるものと人間による持ち込みがある。通常GMP対応として原料の持込の際は原料包材の外側をブラシ，エアーシャワー等でクリーニングする，外側の包材を剥ぎ取る等が行われるが外側の包材（クラフト紙袋）を剥ぎ取るのが最も効果的である。その効果を確認した例を表52に示した。

「付けない」ためには食品取扱者の清潔が重要である。食品を取り扱う人は，その取り扱いに精通していることはもちろん言うまでもないが，その取り扱い方が全て衛生的でなければならない。清潔な衣服を着用して，爪を切り，十分に手を洗ってから加工作業に従事すべきである。身体に異常のある時は食品の取り扱いを止め，早期に医師の診断を受けることが大切である。

手洗いの基本は手を流水で洗浄後，図205の①のように洗剤を用いて手の甲をブラシで擦って良く洗う。次に②のように手のひらと指を丁寧に洗剤とブラシで良く洗う。続いて③のように流水で汚れと洗剤を良く洗い流す。次に④のように乾燥機や清潔なペーパータオルで水分を取り除く。最後に規定の濃度に希釈した消毒液（逆性石鹸など）で手を消毒する。

逆性石鹸とは陽イオンの石鹸のことである。石鹸に代表される界面活性剤には水に溶かした時に電離してイオンになるイオン性界面活性剤と，イオンにならない非イオン性界面活性剤とがある。前者のイオン化する界面活性剤のうち陰イオンのものを石鹸，洗剤と呼び，石鹸，シャンプー，合成洗剤などがある。一方，陽イオンのものには逆性石鹸やリンスがある。普通石鹸が陰イオンになるのに対して陽イオンになるから「逆性石鹸」と呼ばれる。逆性石鹸は汚れを落とす洗浄効果はないが殺菌力を持つ。それはマイナスに帯電している固体表面に強固に固着するからである。細菌の表面はマイナスに帯電していることが多いので，細菌類の表面に強固に張り付き細菌類を死滅させる。逆性石鹸のうち塩化ベンザルコニウムおよび塩化ベンゼトニウムは消毒薬として器具や手などの消毒に使われる。また塩化セチルピリジニウムはトローチやうがい薬に配

表52 紙袋の表面の汚れの例（個/100 cm^2）[46]

	一般生菌	真菌
外装表面	1,000〜1,500	250〜750
外装を布でふいた時	50〜450	50〜100
クラフト一層を剥離した時	0	0

第7章 造粒プラントの品質管理

図205 手洗い消毒の方法[47)]

表53 粉体食品の手掴みによる汚染[46)]

条件		一般生菌数
顆粒食品	手づかみ前	55 個/g
	手づかみ後	1,275 個/g
粉末食品	手づかみ前	20 個/g
	手づかみ後	34,920 個/g

表54 手洗い殺菌の効果[46)]

手洗い方法	洗い前（個）	洗い後（個）	除菌率（％）	平均（％）
逆性石けん 100倍液	1.3×10^4	1.0×10^2	98.5	
	1.1×10^4	1.5×10^2	98.6	99.0
	8.0×10^2	0	100.0	
99.5％アルコール ペーパータオルによる 手ふき	2.4×10^5	0	100.0	
	1.7×10^3	0	100.0	100.0
	7.3×10^3	0	100.0	
	1.4×10^5	0	100.0	
超音波手洗機 （温水洗い）	5.5×10^3	9.2×10^2	83.6	
	5.1×10^3	3.3×10^3	25.5	49.2
	6.6×10^3	4.7×10^3	28.8	
	3.4×10^3	1.4×10^3	58.8	
水道水による 流水洗い	9.6×10^3	5.5×10^3	42.7	
	8.5×10^4	2.8×10^4	67.1	49.8
	5.6×10^4	1.1×10^4	80.4	
	3.4×10^3	3.1×10^2	8.8	

合される。

　この手洗いをきちんと実施しないと，粉体食品でも表53のような汚染データがあり，安易な手掴みは原料，製品を汚染させることが良くわかる。また手洗いも単なる水洗いだけでは汚染菌の約半数しか除去できず，オーダーを変えるくらいにしっかり除菌するには，表54のデータのように逆性石鹸やアルコールでの消毒が必要なことが良くわかる。

3．2．2　汚染源の抑制

　食品工業等では工程の機器の定期洗浄を行うのが普通である。その際，洗浄残渣が残らないように注意すると同時に洗浄廃水のチェックを行うなどの方法で，洗浄残の無いことをチェックする。例えば洗浄水の塩分をチェックするなど一案である。

　次に洗浄後の乾燥を十分行い，仮に洗浄残があっても微生物が増殖できないようにする。また可能であれば温度を上げたり下げたりすることで微生物の増殖しやすい温度域を存在させない。粉体の製造工場では工程内の水の使用を極力制限し，ドライ化することが最も効果的である。

　建物の天井，壁等は結露でカビ（黴）の発生があるので防黴材を塗るなど，環境の湿度をコントロールしてカビの生える条件を無くすことが大切である。よく起こるカビのトラブルとして空調の出口に生えたカビを空調の空気で工程内に撒き散らすことがある。空調のフィルターの定期的な洗浄を行うことや，レイアウトの工夫で空調の出口から吹き出される微生物が直接吹き込まれないよう，原料を開放状態でハンドリングする設備を配置しないことである。

4　品質保証期間の設定方法

　食品は粉体モノ，液体モノに関わらず，人が味わい，香り，味，コク味，風味など官能検査をして品質の良し悪しを決める。最近，香りのセンサーや味のセンサーなど機械による検査技術が発達しているが，人間の五感に勝るセンサーは未だ開発されていない。筆者が現役の頃，香りが違うと言う顧客にガスクロマトグラフィのデータを示して香りが違わないと反論して「うちはガスクロのデータを買っているのではない」と叱責された人の話を聞いたことがある。確かにお客さんの仰る通りだと思った。香りと一口に言うがコーヒーなどガスクロのピークは1,000も現れる。ガスクロで品質の良し悪しを論じるべきではない。人はその日の体調などによって五感の感度が狂うこともあるが，複数の人間の評価はまだ機械には負けていない。

　さて官能検査の方法には標準品と比較する「2点比較法」と3点の中から品質の異なるものを見つけ出す「3点識別法」がある。2点比較法は標準品と1：1の比較のため，わずかな品質の差でも識別されやすい。この方法で製品の品質の合否を判定すると，食品では天然原料が多いのでほとんどが標準品と異なるという厳密な判定になる。そこで工夫として3点識別法で判別できない程度の差を許すとすれば，多少の品質の振れを吸収して工業生産品として品質検査合格の範囲の製品が得られる。

　これを統計学的にみると表55のようになる。官能検査のパネル数を$n = 20$として危険率5％

第7章　造粒プラントの品質管理

表55　2点比較法と3点識別法の正解者数[6]

パネル数	2点比較法		3点識別法	
	危険率5%の正解率	危険率1%の正解率	危険率5%の正解率	危険率1%の正解率
15	12	13	9	10
16	12	14	9	11
17	13	14	10	11
18	13	15	10	12
19	14	15	11	12
20	15	16	11	13

で有意差があると判定されるのは2点比較法では正解数が15（正解率75%）の時であるのに対し，3点識別法では正解数11（正解率55%）となる。

　3点識別法で識別される程度の差を評点1.0とすると，筆者の経験では天然原料由来による品質の振れ幅は0.3以内であった。実際の食品の品質評価において，標準品と全く同じであるレベルを0点とし，3点識別法で識別される程度の差を1.0点とした時，原料の品質の振れだけでなく運転条件の振れも考えると許容される品質振れ幅は1.0以内であり，製品の品質合格の下限は0.9と考えられる。

　したがって製品の保存期間における品質の変化も，この評点1.0以内の品質であれば許容できるレベルと考えられる。これを基準に行った保存テストの例とその解析方法を紹介する。

　食品の品質劣化は温度，湿度，光，酸素などにより進行する。包装材料，包装技術の進歩により湿度，光，酸素などに対する制御はかなり発達しているが，流通過程における温度制御は輸送の他に店舗における陳列まで考えると難しい。

　日本における流通を考えると北は北海道から南は九州，沖縄まで幅広く，気温の差も大きいことは周知の事実である。そこで一番条件の厳しい沖縄の那覇における流通を考えて品質保証期間を設定すれば，消費者に届くまで品質劣化を品質合格の範囲に抑えられると考えられる。

　そこで沖縄の那覇における年間の気温の変化，日中と夜間の気温の差をsinカーブに置き換えて数学的に解析したところ，沖縄の那覇の年間平均気温は24℃，平均湿度は78%RHであった。

　そこで24℃，78%RHを基準に温度を高めて保存すれば短期間に製品の品質保証期間が予測できると考えて，保存テストの方法とその解析を試みた。

　食品の温度による品質変化は逐次一次反応の解析に使われるアレニウスの式が応用できると考えて解析を進めた。アレニウスの反応速度定数Kは次のような式で表される。

$$K = e^{(\alpha - \beta)/T} \cdots \alpha, \beta は定数, T は絶対温度$$

　ΔTの温度差でγ倍だけ品質変化速度が大きくなるとすると，

$$K = e^{\ln \gamma(t)/\Delta T}$$

4 品質保証期間の設定方法

と表される。t 時間後の劣化物の生成量は $K \cdot t$ であり時間を短縮して同じ変化量を求めるには，

$$K_1 \cdot t_1 = K_2 \cdot t_2$$

であれば良いと考えると，

$$t_1 / t_2 = K_2 / K_1 = e^{\ln \gamma(t) / \Delta T}$$

よって，

$$t_2 - t_1 = \ln(t_1 / t_2) / \ln(\gamma / \Delta T)$$

である。粉体食品では $\gamma \geqq 2$ であることが多いので $\gamma = 2$ として，反応が2倍または4倍になるには $\Delta T = 10$ ℃または20℃となる。

そこで24℃を基準に湿度は78%RH一定で24℃，34℃，44℃で保存テストを行った。

この変化の指標については先にも述べたように，官能評点が食品の品質としては相応しいが，多くのパネルを要し評価の手間が大変なことと数値の安定性に欠ける。そこで官能検査の評点と比例する物性指標を調べたところ，図206のように外観色 L, a, b（L：明度，a：赤色度，b：黄色度）から次の式で計算する ΔE に相関があることがわかった。

$$\Delta E^2 = (L_1 - L_2)^2 + (a_1 - a_2)^2 + (b_1 - b_2)^2$$

そこで温度24℃，34℃，44℃，湿度78%RHである製品の保存テストを行い図207のようなデータを得た。図207において ΔE の変化量を一定の ΔE 毎に A_1，A_2 のような横線を引き，この A_1，A_2 の横線と各温度の ΔE の変化量との交点に対応する保存月数を求め，保存温度と保存月数の関係を半対数方眼紙で図にすると図208が得られた。

経験的に $\Delta E = 5.0$ になると図206で官能評点が1.0となり品質不合格となる。図207より44℃における保存月数1ヵ月では $\Delta E = 5.0$ となるので，図208では44℃で月数1ヵ月に点を取り A_1，A_2 の直線と平行に A_3 の直線を引き，24℃垂直の線との交点を見るとこの製品は推定

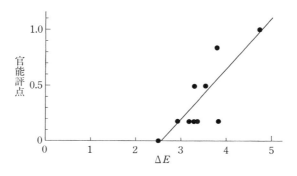

図206 ある粉体食品の ΔE と官能評点の関係 [15]

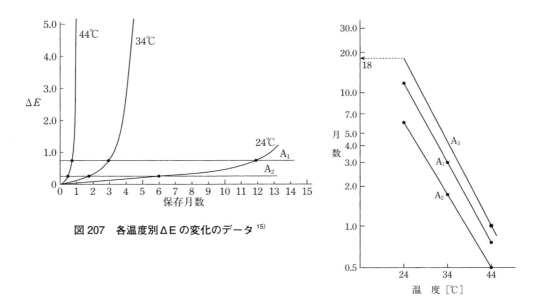

図207　各温度別ΔEの変化のデータ[15]

図208　品質保証期間の推定図[15]
（この粉体食品の品質保証期間は18ヵ月と推定）

保存月数18ヵ月となり品質不合格に到達する。

　この18ヵ月と実際に市場で買い上げた製品の品質を評価すると比較的良く一致した。限られた製品での実験結果であるから一般論まで広げて正しいかどうか確信が持てないが，品質保証期間を短時間で推定する方法としては使えると考えられる。筆者はいくつかの製品の品質保証期間をこの方法で推定した。例えばこの例題の品質保証期間はデータ的には18ヵ月であるが，実際には安全を見て12ヵ月としている。その後の追跡調査で特に問題はなかった。

第 8 章

食品加工技術

1　インスタントスープ

　インスタントスープは様々あるが，ポタージュ・スープが代表的である。ポタージュ（Potage）はフランス語でスープの意味であり，クリーム・ポタージュはなじみ深くインスタント・スープの代表的存在である。主な原料の配合例は表56のようなものである。

　製造フローシートは図209のようなもので鶏肉，牛肉を蒸煮して肉汁と肉を分離し，肉汁は濃縮し，肉は粗砕後に骨を分離除去してミンチにかけ，その後濃縮した肉汁と混合，乾燥，粉砕して粉末肉エキスを製造する。これにスキムミルク，ラクトース，香辛料，油脂類を流動層造粒機で混合，造粒して製品インスタント「ポタージュ・スープ」を製造する。

表56　クリーム・ポタージュ原料配合例[48]

原　料　名	配合比
1. 澱粉類	22.0%
2. スキムミルク	24.0
3. ラクトース／デキストリン	29.0
4. 食塩	6.0
5. 砂糖	1.0
6. 旨味調味料	2.0
7. エキス類	8.0
8. 香辛料	1.0
9. 油脂類	7.0
合　　計	100.0

第8章 食品加工技術

　流動造粒品はいろいろな造粒方法の中で溶解性の良い製品が得られるため，各メーカーともインスタントスープの製造には流動造粒機を使用している。

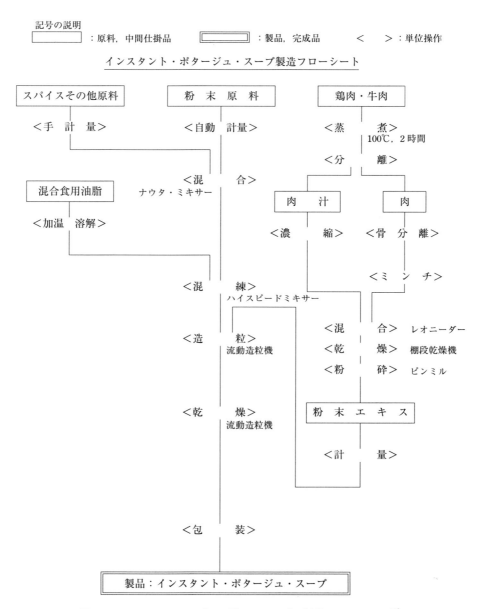

図209　インスタント・ポタージュ・スープの製造フローシート[48]

2 インスタント・コーヒー

インスタントコーヒーの製造フローを図210に示す。噴霧乾燥法と比較する形で真空凍結乾燥法の製造フローシートを示した。図210のように凍結濃縮したコーヒー原料液を－40℃で凍結し薄板状の凍結品として，これを解砕し粒状の凍結品にする。真空乾燥機内で数時間保持して3 Torrのような高真空下において40℃で加温すると，4.6 Torr以下の真空下では固相（氷）からいきなり気相（水蒸気）になる昇華現象により乾燥が進行する。昇華水分は乾燥済みの層の抵

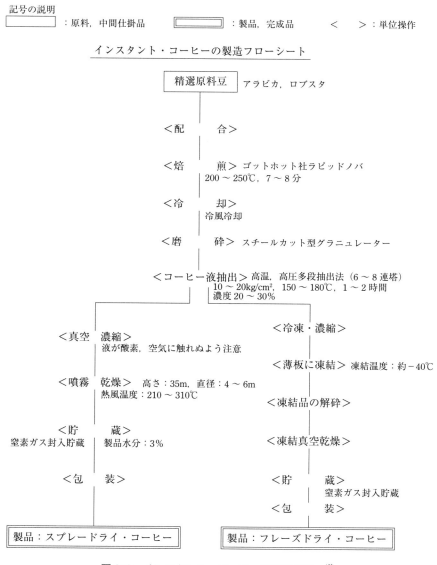

図210 インスタント・コーヒーの製造フロー[48]

第 8 章　食品加工技術

抗を受けながら水分が抜けるので，この層が厚いと乾燥時間が長くなる。2〜3 mm の粒状でも数時間かかると考えられる。したがってフリーズドライ・コーヒーは一度板状に凍結したものを砕いて細粒状にし，比表面積を増やして早く乾燥するようにする。さらに真空凍結乾燥機内で乾燥することにより乾燥時間の短縮を図っている。図 211 にコーヒーの抽出，濃縮液の乾燥につきフリーズドライ方式とスプレードライ方式を比較する形で示した。それぞれ凍結の様子とスプレーの様子，および得られたインスタント・コーヒーの粒の写真を示した。

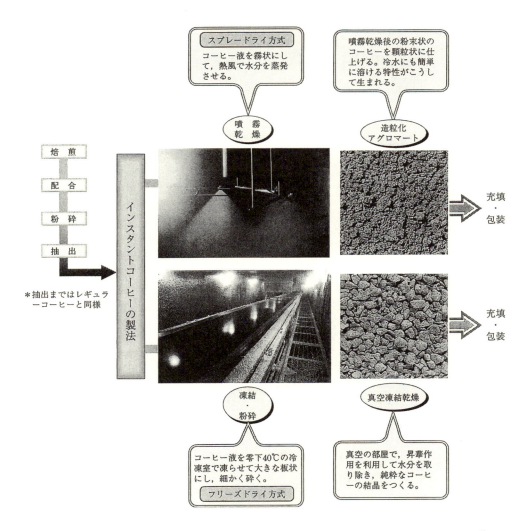

図 211　コーヒーの濃縮液を噴霧乾燥する工程と真空凍結乾燥で製造する工程のイメージ[48]

3 コーヒーミルク

　最近のコーヒーミルクは顆粒状でコーヒーに入れるとすぐ溶ける。昔は粉末状でコーヒーに入れるとコーヒーの上に浮いてスプーンでかき混ぜないとすぐには溶けなかった。それは以前のコーヒーミルクの乾燥法が噴霧乾燥法で，コーヒーミルクの粒の大きさが50～60 μm と小さかったからである。最近は同じ噴霧乾燥法でもGEA Niroが製造する流動層内蔵型スプレードライヤーで製造しているため，大きな粒のコーヒーミルクが当たり前のようになっている。流動層内蔵型スプレードライヤーの構造は噴霧乾燥塔の中に流動層を付帯させて噴霧乾燥機の中で造粒する仕組みになっており，製品の粒子径が200～300 μm と大きいためコーヒーに入れてもすぐ沈んで溶ける。

　この流動層内蔵型スプレードライヤーによるコーヒーミルクの製造フローシートを図212に示した。

　原料牛乳を受け入れた後，遠心分離機で細かなごみを取り除き4℃以下に冷却してサイロタンクに貯蔵する。その後，乳化，殺菌，濃縮を行い流動層内蔵スプレードライヤーで造粒，乾燥して200～300 μm のコーヒーミルクを製造する。

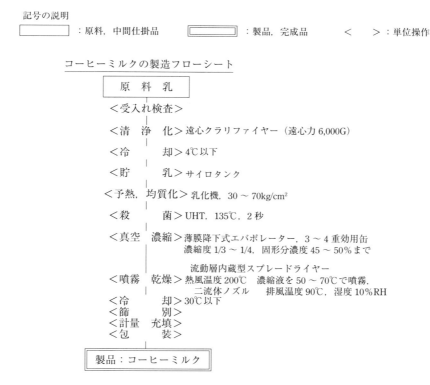

図212　コーヒーミルクの製造フローシート

第8章　食品加工技術

写真1に普通の噴霧乾燥機による50～60 μmの微造粒製品と，流動層内蔵スプレードライヤーによる200～300 μmの粗造粒製品の写真を示した。

また図213は流動層内蔵型スプレードライヤーの構造説明図である。塔頂から熱風中に二流体ノズルでミルクの濃縮液を噴霧する。二流体ノズルのため液滴は細かく平均液滴径は20 μm程度である。濃縮液の給液量を少なくして排気の相対湿度が3～9%RH程度にすると，液滴は完全に乾燥して平均粒子径15 μm程度になる。この状態では造粒されないので給液量を増やして排気の相対湿度を10～20%RH程度にすると，乾燥不十分の粉体が乾燥塔内で旋回，衝突した

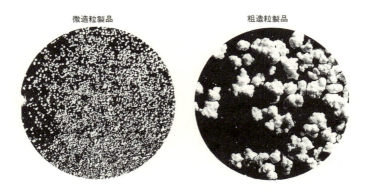

写真1　コーヒーミルクの微造粒製品と粗造粒製品[10]

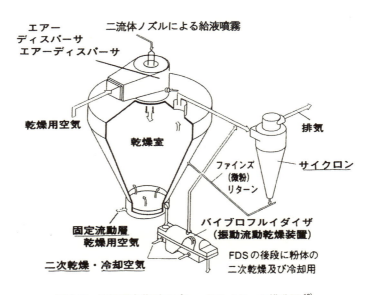

図213　流動層内蔵型スプレードライヤーの構造図[10]

り噴霧された液滴に付着するなどして造粒が進行し塔下部の流動層に沈降してくる。そこでさらに乾燥不十分の粒子同士が衝突して造粒が進行し200〜300 μm の大きさになると推定される。この成長した造粒品は乾燥不十分のため塔下部の流動層から少しずつ排出し，排出口に設置された振動流動乾燥装置で乾燥，冷却して製品として排出する。

4 飴玉

飴玉はなぜ25 mmφ なのかを考えるとその理由が想像できる。甘党の筆者は子供の頃，親からお小遣いをもらうと近所の駄菓子屋さんで飴玉をよく買った。欲張りで大きい方がよかったが30 mmφ になると口に入れて転がすのが苦しかった経験がある。25 mmφ が子供の口に入れて無理なく転がせる最大の大きさのようである。

飴玉はキャンディ類に分類される。キャンディとは砂糖を主原料とし，水飴やその他の糖類，

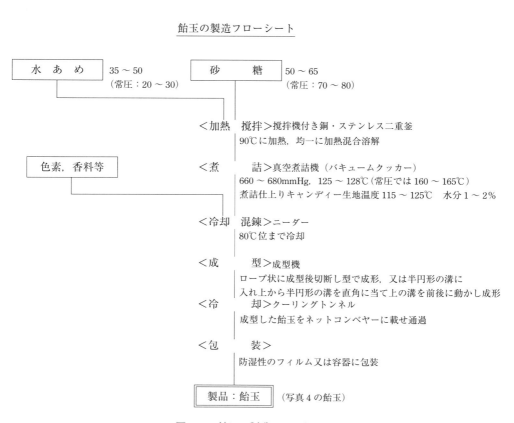

図214 飴玉の製造フローシート

第 8 章　食品加工技術

乳製品，油脂，酸，食用色素，香料，果実，ナッツ類などを副原料として製造する砂糖菓子である。

　キャンディ（Candy）の「Can」はラテン語で砂糖のことであり，「dy」は型に入れて固めることである[4]。キャンディはドロップや飴玉に代表されるハード・キャンディとキャラメルに代表されるソフト・キャンディに大別される。

　製造方法で見るとハード・キャンディが図214のように高温（150～165℃）まで煮詰めるのに対し，キャラメルなどソフト・キャンディは低温（110～140℃）で加熱を止めることが特徴である。

　ハード・キャンディにあたる飴玉の成形について，15～25 mmφ の飴玉の写真を写真2，写真3，写真4に示した。写真2と写真3は 25 mmφ の飴玉で，写真2は丸い飴の棒を短く切断して

写真2　型で挟み成形した飴玉

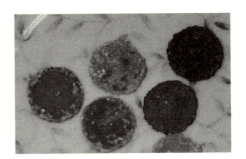

写真3　板で挟んで転がし成形した飴玉

写真4　図215の型で挟み切断して転がし成形した飴玉

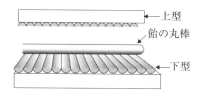

図 215　飴玉成形に使う切断転がし式型[49]

上下半球形の型に入れて押し固めるため，型の合わせ目の筋が見えるのが特徴である。写真 3 は丸い飴の棒を短く切断した後に板で挟んでゴロゴロ転がして成形する。板につかないように粗めの砂糖を塗すので飴玉の周りに砂糖の結晶がついている。これらに対し写真 4 の飴玉は丸い棒状の飴を図 215 のような半円形の溝の付いた型を合せて上下から挟み込み，丸い飴の棒を切断しながら転がして成形するので，同じサイズの手毬のような継ぎ目のない飴玉ができる。サイズは 15〜17 mmϕ のモノが多い。

5　コーティング技術の応用例

　図 216 のようにパウレック社のカタログによると，コーティング技術にはフィルム・コーティング，シュガー・コーティングとシュガー・コーティングに近いチョコレート・コーティングがある。フィルム・コーティングは図 216 のように錠剤にフィルム状にコーティングして湿気から製品を保護する目的や，夏場チョコレートが気温の上昇で溶け出すのを防ぐ目的で利用される。

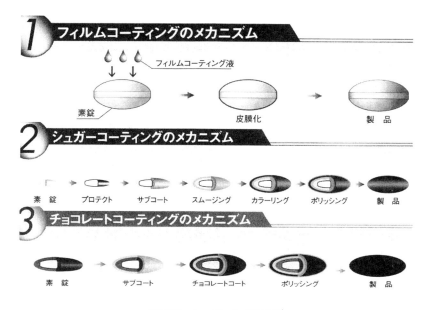

図 216　コーティングの例[9]

第8章　食品加工技術

図 217　コーティングの応用例：ケーキのトッピング[50]

　球状またはラグビーボール状のチョコレートや板チョコレートも，夏場の溶け出しを防ぐために防湿剤シェラックを 5 μm のフィルム状にコーティングする。
　シュガー・コーティングは食品では少ないかも知れない。苦い薬を抵抗なく飲めるように読んで字のごとく糖液を錠剤の周りにコーティングすることで広く知られている。チョコレート・コーティングは「アーモンド・チョコレート」のようにアーモンドの周りにチョコレートをコーティングしたもので誰もがすぐ思い出すであろう。このチョコレート・コーティングも先にも述べたように，夏場の溶け出しを防ぐため防湿剤シェラックがフィルム・コーティングされていることは周知の通りである。
　また図 217 のようにアイスクリームやケーキのトッピングとしてグラニュー糖に糖液をコーティングして 1.5 mmϕ 位の球状の粒を造り，これに銀色の色素をコーティングしたものや，スティック状のチョコレートを 2 mm 程度に切断して角を丸め，着色剤をコーティングしたケーキのトッピング材が広く知られている。

6　カプセル化技術の応用例

(1)　硬カプセル剤
　硬カプセル剤の食品への応用例としてはニンニク卵黄がよく知られている。ニンニクの臭いをマスクする目的であるが，その他の食品，健康食品では見かけない。

(2)　軟カプセル剤
　軟カプセル剤は表 57 の健康食品や表 58 の食品での応用例のように広く利用されている。これらの表を見ると軟カプセル化技術が健康食品のみならず，食品分野まで幅広く利用されている

6 カプセル化技術の応用例

表57 軟カプセル剤の健康食品での応用例[51]

	機能性の向上		飲みやすさの向上			スティック包装	備考
	腸溶性	保存安定性	微小化	マスキング	顆粒剤との配合		
DHA・EPA	○	◎	◎	○	○	○	腸溶性による戻り臭防止 充填時窒素封入
ビタミンE		◎	◎		○	○	安定性の向上 飲みやすさの向上
トナリン	○	○	◎	○	◎	○	注目の素材，飲みやすさの向上
ビフィズス菌	◎	○	◎		○	○	腸溶性カプセルでビフィズス菌を胃酸から守る
カプサイシン			○	◎	○	○	味のマスキング
スッポン		○		○			安定性の向上 飲みやすさの向上
ペプチド	◎	○	○	○	○	○	腸溶性カプセルで胃酸から守る

表58 軟カプセル剤の食品での応用例[51]

応用例	内容物	カプセル化の狙い
ガム	フレーバー	フレーバーの高濃度配合 放出時のパンチ力（バースト感） 咀嚼時の食感の面白さ
	機能性成分	成分の放出（リリース）性の向上 安定保持
飴	フレーバー	香味特性向上 製造時の低沸点フレーバーの香味維持 異種フレーバーの配合
	機能性成分	安定保持
ドリンク	フレーバー 機能性成分	香味特性の向上 特性成分の隔離 ビジュアル感・食感の面白さ
ラーメン	調味油 フレーバー	調理時のフレーバーの放出
アイスクリーム	果汁 フレーバー	異種フレーバーの配合（耐凍性皮膜）
ハンバーグ 練製品	ワサビ マスタード （A.I.T）	辛み成分の安定保持 調理時のフレーバーの放出

第 8 章　食品加工技術

　　　　　ソフトカプセル　　　　　　　　　　ハードカプセル

図 218　ニンニク卵黄のカプセル

ことがよくわかる。

　このカプセル化技術の応用例として機能食品（ニンニク卵黄のハードカプセルとソフトカプセル）がある。真空乾燥したニンニク卵黄の粉末を 0 号のハードカプセルに充填したものと，ペースト状のニンニクに卵黄を加えて液状にしたものをソフトカプセルに充填したものがあり，その例を図 218 に示した。

　ニンニク卵黄は図 219 に示した製造フローシートのように外皮を剥いたニンニクを混練機（レオニーダー等）で加熱し蒸し上げる。これに「はちみつ」，「卵黄」に調味料を加えて「ニンニク卵黄ペースト」を作る。ソフトカプセルタイプはこのペーストを冷却してシームレスカプセル充填機でソフトカプセルに加工する。

　一方，ハードカプセルタイプはレオニーダー等でさらに加熱濃縮し，真空乾燥機で板状に乾燥する。この乾燥した板状のニンニク卵黄を解砕，粉砕して粉体にし，乳糖など流動性改良剤を加えて混合した後，ハードカプセルの充填機でカプセルに充填できるようにする。ハードカプセルの充填機は原料の流動性が悪いと充填できないので，先に触れたように乳糖等賦形剤を加えて流動性を改善する。

6 カプセル化技術の応用例

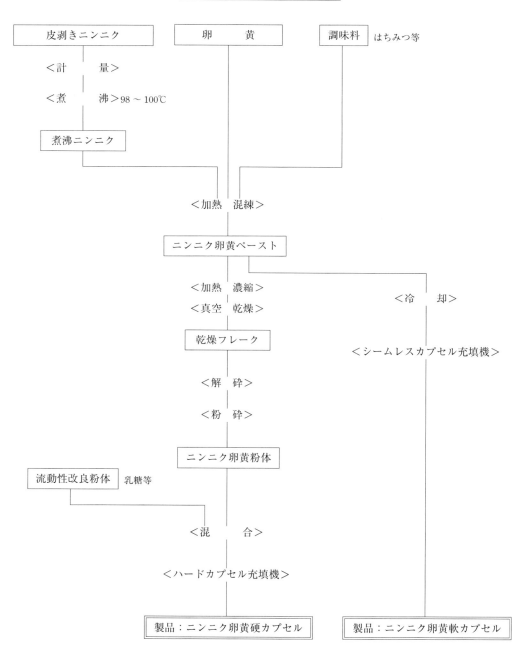

図219 ニンニク卵黄の製造フローシート

第 8 章　食品加工技術

7　マカロニ，スパゲッティ

　パスタは一般にマカロニ，スパゲッティ類の総称である。成形機のダイスから押し出されるまでは形状の差は別にして，その加工原理は同じである。太さ 1.2 mm 以上の棒状または 2.5 mm 未満の管状に整形した物をスパゲッティと呼び，2.5 mm 以上の太さの管状またはその他の形状に成形したもので棒状または帯状のものを除くものをマカロニと呼ぶ。さらに帯状に成形したものをヌードルと定義している。パスタ成形機を図 220 に示した。図 221 にパスタ成形用のダイ

図 220　パスタ成形機の外観[52]

図 221　パスタ成形機のダイス[52]

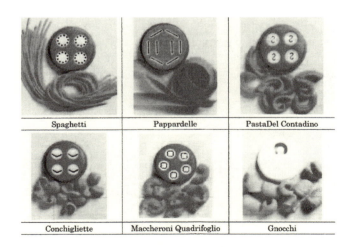

図 222　ダイスと製品：パスタの例[52]

7 マカロニ，スパゲッティ

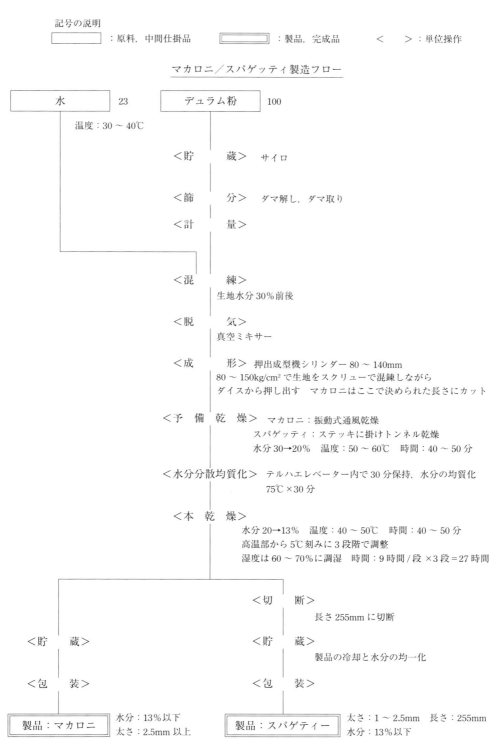

図223　マカロニ・スパゲッティの製造フローシート例

第 8 章　食品加工技術

表 59　小麦粉の種類と用途

タイプ			薄力粉	中力粉	準強力粉	強力粉	デュラム製品
タンパク質（％）			6.5〜8.0	8〜10	10.5〜12	10.7〜13	12.6〜14.1
グレード	灰分(%)	繊維質(%)					
特等粉	0.3〜0.4	0.1〜0.2	ケーキ カステラ 天ぷら	フランスパン	ロールパン	食パン	マカロニ スパゲッティ
一等粉	0.4〜0.45	0.2〜0.3	ケーキ クッキー 饅頭	麺 讃岐うどん (ASW)	菓子パン 中華麺	食パン	
二等粉	0.45〜0.65	0.4〜0.6	ビスケット 一般菓子	麺 クラッカー	菓子パン 中華麺	食パン	
三等粉	0.7〜1.0	0.7〜1.5	駄菓子 糊	駄菓子	焼麩 ソバのつなぎ		
末粉	1.2〜2.0	1.0〜3.0	飼料，工業原料				

ASW：Australian Standard White
讃岐うどん：香川内麦・さぬきの夢 2000　5,000 t/Y

スを示した。また図 222 にはダイスと成形されたパスタの例を示した。

パスタの原料はデュラム小麦のセモリナ（粗粒粉）とフラワー（粉状に挽いたもの）である。日本では強力粉のファリナ（粗粒粉）と普通粉が用いられ原料粉に水分 30％位になるように水をよく練りこみ脱気して生地とする。これを押出成形機のダイスから 100〜105 kg/cm^2 で押出し成形する。

その後，温度 50〜60℃で振動式通風乾燥機にて水分 20％程度に乾燥した後，75℃で 30 分程度保持して水分の分散均質化を図り，40〜50℃でゆっくり仕上げ乾燥して水分 13％の製品とする。

図 223 にマカロニとスパゲッティの製造フローシートを示した。原料は表 59 に示したように小麦粉の中でもタンパク質の最も多いデュラム種が使われる。図 223 は筆者が研究室で実験的に試作したデータを基に生産規模を想定して作成したフローシートである。

8　ふりかけ

ふりかけは大正初期，薬剤師吉丸末吉氏が日本人のカルシウム不足を補う目的で小魚を乾燥して粉にしたものを調味し胡麻，青海苔などを加えて魚臭を抑え，ご飯にふりかけて食べられるよう考案したのが最初であり瓶詰めで発売された。大正 15 年頃，熊本県人である甲斐清一郎氏が東京，荒川で丸美屋食品研究所を興し，昭和 2 年に発売した「ふりかけ」が「是はうまい」であった。このころ「ふりかけ」は魚粉に海苔，胡麻，紫蘇などを混ぜたものでメーカーは 30〜40 社あった。「是はうまい」は戦後も販売され昭和 35 年の「のりたま」の発売に繋がった。

昭和 37 年，食品衛生法に基づき商品名とは別に「ふりかけ」という表示が義務づけられ，定

8 ふりかけ

義として「農産物,水産物,畜産物などを主原料として原料形状のまま又は数種を配合して調味料で調味し,切断,破砕,造粒等の加工を行った食品で通常米飯,麺類などにふりかけ又はさらに湯茶などの液体をかけて食されるものとする」となっている。

図224の製造フローシートにあるように,食塩／砂糖の押出造粒や粉末卵の撹拌造粒のような複数の造粒工程を含んでおり,造粒技術なしには「ふりかけ」は製造できないと言っても過言ではないほどである。

食塩／砂糖の押出造粒品,粉末卵の撹拌造粒品に,刻み海苔と煎り胡麻,味付け胡麻を混合して「ふりかけ」ができ上がっている。

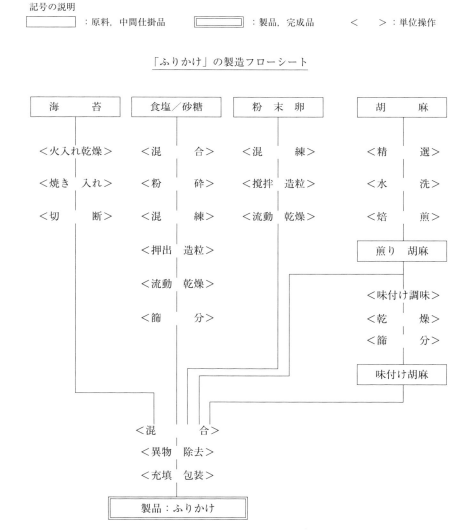

図224 「ふりかけ」の製造フローシート[48]

第8章　食品加工技術

9　ポテトチップス

ポテトチップスは1945年に米軍によって日本に持ち込まれたスナック菓子で，その製造方法は2通りある。それは「ファブリケート（成形）ポテトチップス」と「(生) ポテトチップス」

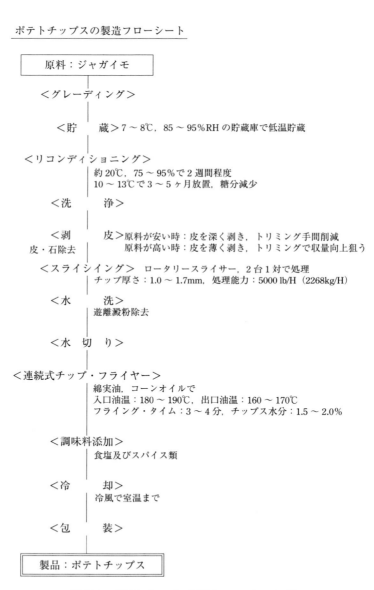

図225　ポテトチップスの製造フローシート[48]

写真5　ジャガイモのスライサー[48]　　写真6　チップスのフライヤー[48]　　写真7　調味料を塗す工程[48]

である。前者は1976年にヤマザキ・ナビスコが「チップスター」の商品名で発売したものが代表例で米国から製造設備，技術，原料（ポテト粉，ミール，フレーク）を輸入して製造した。

　成形ポテトチップスの製法は，まず粉体原料を加水混練し，これを圧延ロールでシート状に成形する。次にロール型打ち抜き機でチップス状に成形してから油で揚げ味付けする。

　現在では後者の「(生)ポテトチップス」が主流なので後者について，その製造方法を紹介する。図225に示した製造フローシートのようにジャガイモの生芋を平均厚さ1.5 mmにスライスして油で揚げ製造する。ジャガイモを洗浄，皮剥き後，厚さ1.0～1.7 mmにスライスして180～190℃の食用油で3～4分で揚げ，水分を1.5～2%にする非常に簡単なプロセスである。

　写真5にジャガイモのスライサー，写真6にフライヤーの様子，写真7にタンブラーを用いて油で揚げたポテトチップスに調味料を添加して塗す様子を示した。

10　金平糖＆かわり玉

　「金平糖」は図68（C）のpan typeで製造されていることは良く知られている。「金平糖」はグラニュー糖を核にして粒を成長させるが，初期粒の成長を優先させる時はpanの傾きは高めの45°として回転数も大きく10秒に1回転程度に合わせる。また温度は下から加熱して少し高めの45℃程度が良いと専門家のコメントを得た。「金平糖」の特徴である角を造る段階ではpanの傾斜角を30°に緩め，掛ける糖液の温度を45℃から50℃に上げると良いとされている。詳しい製造方法は図226に「金平糖」と「かわり玉」のフローシートを示した。「金平糖」について見ると粒の成長段階ではpanの傾斜角を45°にして飽和糖液を掛け，角を造る段階ではpanの傾斜角を30°に緩め最後は22°～25°とし，糖液の濃度も飽和溶液から65%，40%と段階的に下げるのがポイントで，尖った角が1粒当たり24個できるのが高品質の証とのことである。

　一方，「かわり玉」は図226のフローシートのようにグラニュー糖を核にアラビアガム溶液を結着剤にして粉糖を塗して2 mm台のセンター粒を造り，その後糖蜜，色糖蜜を掛け，コーンスターチ糊で無着色層を造りながら色の変わった層を造る。16 mmφの大きさまで写真10の通称「タコツボ」と称するオニンパン型のpanを用いて製造する。

第8章 食品加工技術

写真8に「金平糖」を製造する様子を示した。写真9は良質の「金平糖」の製品を示した。また写真11は「かわり玉」の写真と「かわり玉」の断面を説明するため「かわり玉」を削って半球形にした時の断面を示した。

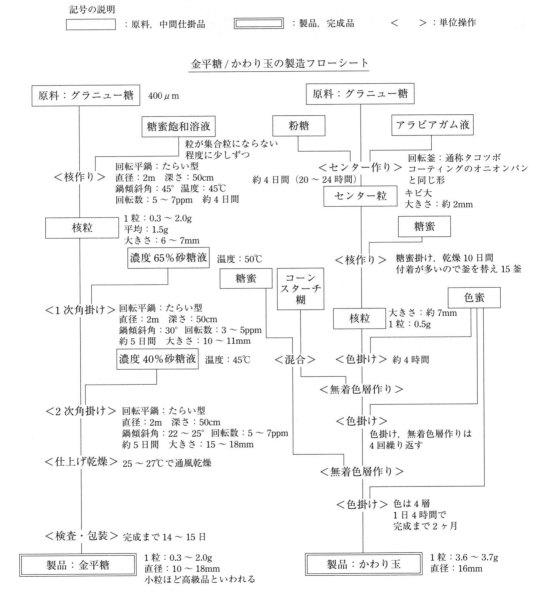

図226 「金平糖」と「かわり玉」の製造フローシート[4, 53]

10 金平糖＆かわり玉

写真8 「金平糖」の製造の様子[4,54]

写真9 良質の「金平糖」の製品[4,54]

写真10 「かわり玉」製造用 pan[4,54]

写真11 「かわり玉」の製品例[4,54]

11　南国タイのデザート：タピオカパール

転動造粒機で造られる食品の例として南国タイのタピオカパールがある。製造方法は図227に示したフローシートのように「タピオカ澱粉」を原料に振動式転動造粒機で造られ，写真12に示した1～3 mmφの球状の乾燥品を造る。写真13はココナッツミルクに浮かせた湯で戻したタピオカパールの様子である。筆者も現地で食べたが甘味が大変強く，甘党の筆者にも完食できなかった。

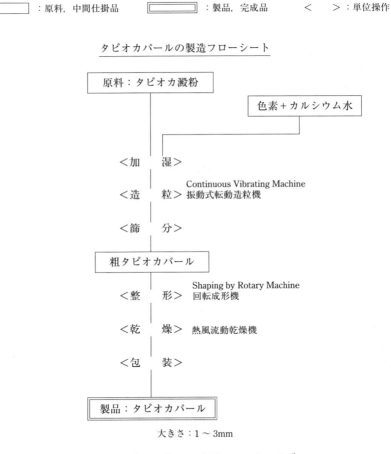

図227　タピオカパールの製造フローシート[4]

12　ツブツブアイスクリーム

写真12　タピオカパールの乾燥製品[4]

写真13　タピオカパールのデザート例[4]

12　ツブツブアイスクリーム

　アイスクリームは冷凍庫から出したばかりだとスプーンも差し込めないほど硬く，しばらく放置して柔らかくなってから食べた経験があると思う。20年位前にDippin' Dotsのアイスクリームとして女の子に人気があり，池袋や横浜の繁華街で見かけた。アイスクリームが直径5 mmϕ位の粒状になっているので，冷凍庫から出したてでも簡単にスプーンですくえる。

　写真14の左が製造装置から出てくるツブツブアイスを容器に受けている様子，右が女の子が食べていたツブツブアイスを取材で撮影させて貰ったものである。

　製造装置の概略を図228に示した。大凡－200℃の液体窒素の中に乳化，殺菌したアイスクリームミックスを滴下して瞬時にアイスクリームの小さな粒を作る。製造フローシートは図229に通常のアイスクリームと共に示した。左下の「製品：ツブツブアイス」が製品である。製品化直前のフリージングで「オーバーラン」と言う言葉が出てくるが，これはアイスクリームの原料がフリージング中に空気を抱き込み，容積がどの位増えたかを表すもので，100%は元の原料の2倍に容積が膨らんでいることを表す。

第8章 食品加工技術

写真14 左：製造工程出口の製品，右：試食中のツブツブアイス[55]

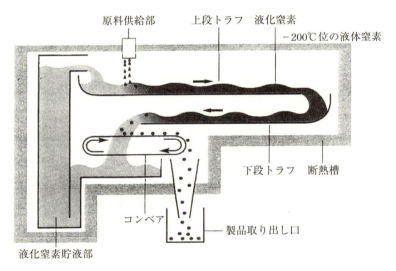

図228 ツブツブアイスの製造装置の概要[55]

12 ツブツブアイスクリーム

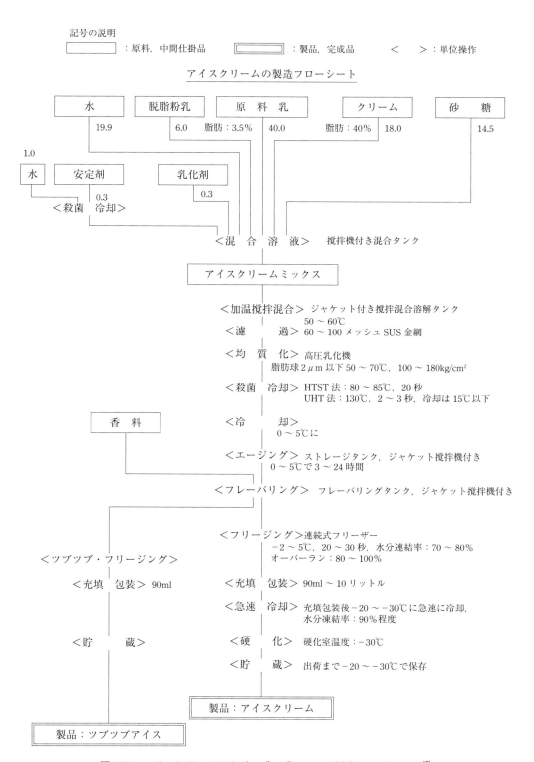

図 229 アイスクリームおよびツブツブアイスの製造フローシート[48]

第 8 章　食品加工技術

13　「せんべい」・「あられ」・「おかき」

　「せんべい」・「あられ」・「おかき」は米を原料とする日本独特の焼き菓子で，古くは奈良時代から親しまれてきた菓子である。その種類としては「うるち米」を原料とする「せんべい類」と「餅米」を原料とする「あられ・おかき」類に大別される。その分類を表60に示した。

　これら米菓の製造フローシートを図230に示した。まず「せんべい」の作り方から解説すると，フローシートの右側のように，うるち玄米を搗精して水洗し，水分を20～30%として製粉（砕くイメージ）する。この米粉を蒸練機に入れて加水し5～10分蒸練する。α化した生地を取り出し，これを餅練機にかけて餅状にし，水中で60～65℃まで冷却，再び餅練機にかけて餅生地にする。この生地を圧延機で板状にし型抜き機で打ち抜き成形して「せんべい」の形にする。この成形生地を70～75℃の熱風で第1乾燥をする。

　水分20%前後で乾燥を中止し，室温で10～20時間放置して「ねかせ」を行った後，第2乾燥を行う。第2乾燥も第1乾燥と同じく70～75℃の熱風乾燥を行い水分を10～15%にする。その後200～260℃で焼き上げ調味液を付けて仕上げ製品とする。

　餅米菓は図230の左のフローに従い「もち玄米」を91%程度に精米，洗米機で洗浄後6～20時間水浸漬する。これを水切り後，蒸し機で15～25分間蒸し2～3分間放置後，餅搗機で餅に搗き上げる。この餅を練り出し機で棒状または角形に成形し2～5℃に急冷後，2～3日放置して硬化させる。硬化した餅生地を切断機でスライスして成形し天日または通風乾燥機で水分20%前後まで乾燥後，200～260℃の平煎機または連続式焼窯で焼き上げる。焼き上がった製品を油，醤油など調味液を塗布して仕上げ，必要により仕上げ乾燥を行い製品とする。

　写真15は圧延機で板にした後，型で打ち抜き成形した「せんべい」を乾燥している様子を表す。写真16は太めに成形したドウをスライスして「おかき」に成形後，乾燥して焼き上げたもの，写真17は細めに成形したドウをスライスして「あられ」に成形したものを示した。

表60　原料米と米菓の種類[48]

原　　料	米菓の種類	型
うるち米	せんべい類	草加型
		新潟型
	スライスクラッカー（うるちあられ）	
もち米	あられ：小型で「柿の種」など おかき：大型で「品川巻き」など	

13 「せんべい」・「あられ」・「おかき」

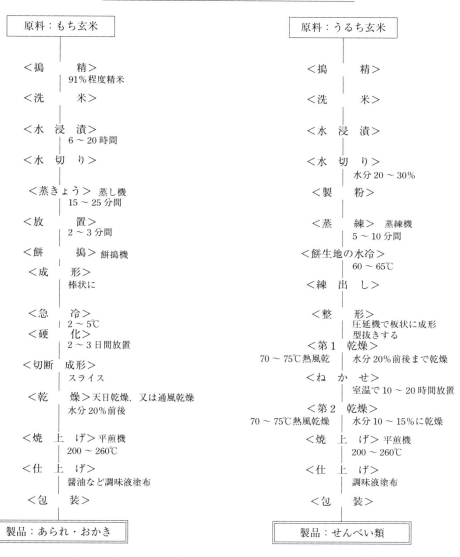

図230 「せんべい」・「おかき・あられ」の製造フローシート[48]

第 8 章　食品加工技術

写真 15　成形後乾燥中のせんべい[48]

写真 16　焼き上がったおかき[48]

写真 17　成形後のあられ[48]

14 寒天

寒天は一見造粒とは縁のないように見える。昔は棒状の角寒天が馴染み深いが、これは家庭で菓子を作る時によく見かけたものである。工業的には溶解性を考えた紐状の細寒天（糸寒天）があり、最近では粉末状やタブレット状の製品が造粒と縁が出てくる。筆者は寒天の脱水、乾燥における状態変化に興味があり、以下、解説を試みる。

羊羹状の寒天をどのようにして脱水するか考えると面白い。単純に濾布に包んで圧力を掛けても脱水できそうにないことは誰しも想像がつくと考える。

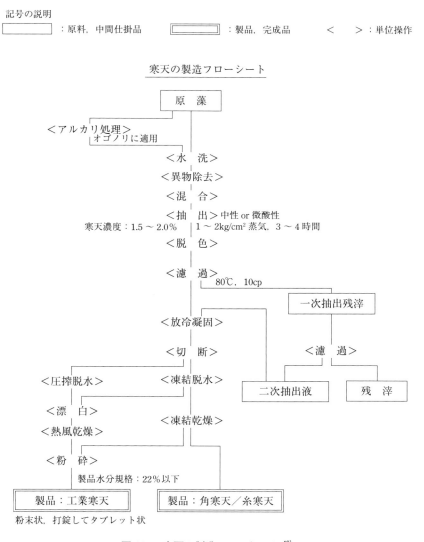

図 231　寒天の製造フローシート[48]

第8章　食品加工技術

　寒天は凍結すると不溶化する性質がある。したがって長野県や岐阜県のような内陸の寒い地方でその製造技術は発達した。一度凍らせて水以外の部分が不溶化したところで圧力を掛けると簡単に脱水できる。さらにそれを乾燥すると角寒天のようにポーラスな固体になる。これは85℃以下では水に不溶であるが85℃以上の熱湯の中では寒天の成分は水に溶解して溶液になり，これを冷却すると元の羊羹状になる。

　寒天の歴史を振り返ると平安時代に中国から遣唐使によって心太（トコロテン）が伝えられ，都でトコロテン売りの声を聞いたという。このように日本人は食材として海草類を1,000年以上も前から利用してきた。現在も海藻や海藻の抽出物を利用した加工食品は世界に類を見ないくらいに多くなった。

　これら海藻類の中からテングサやオゴノリの紅藻類のエキスを熱水抽出して干物化したものが寒天であり，その乾燥物質は17世紀中頃（江戸時代）に京都の美濃屋太郎左衛門によって発明された。加工食品の観点からインスタント食品のはしりとも言える。400年もの歳月をかけて和菓子，洋菓子などに広く利用され今日に至っている。

　伝統的な寒天（角寒天，糸寒天）から戦後工業的な製法が確立され粉状，タブレット状など形態が多様化した寒天が衛生的かつ安定的に製造されるようになった。製法は図231に寒天の製造フローシートを示した。

　工業用の溶解性を良くした寒天の写真を写真18に示した。写真18の右上が糸寒天で左下が粉末化した粉寒天，左上が糸寒天を短く切断した粒状寒天である。さらに右下が粉末寒天を打錠機で錠剤に成形したものである。粉寒天や粒状寒天よりハンドリングが容易である利点があると考えられる。

写真18　工業用寒天，ハンドリングや溶解性を考えて粉末，粒状，タブレット状に加工している[48]

参考文献

1) 吉田照男ら，造粒・打錠プロセスにおける各種トラブル対策―ノウハウ集―，技術情報協会
2) 造粒ハンドブック，日本粉体工業技術協会，オーム社
3) ㈱不二パウダル　提供カタログ
4) 吉田照男ら，ミスのない難局打開の"造粒技術"，サイエンス＆テクノロジー，2014
5) ㈱大川原製作所　提供カタログ
6) ㈱奈良機械製作所　提供カタログ
7) ビューラー㈱　提供カタログ
8) ㈱岡田精工　提供カタログ
9) ㈱パウレック　提供カタログ
10) GEAプロセスエンジニアリング㈱　提供カタログ
11) 吉田照男ら，「Q&A～学ぶ」スプレードライの基礎と実務運転操作
12) 大川原化工機㈱　提供カタログ
13) K.Masters，Spray Drying Handbook（GEA Niro）
14) ㈱日阪製作所　提供カタログ
15) 吉田照男，はじめての食品加工技術，工業調査会，2008
16) 吉田照男ら，成形・加工装置のメンテナンスノウハウ集，技術情報協会，2006
17) 赤武エンジニアリング㈱　提供カタログ
18) 狩野　武，粉粒体輸送装置，昭和44年
19) ㈱アコー　提供カタログ
20) ㈱ハンディクス　提供カタログ
21) Perry's　Handbook
22) ホソカワミクロン㈱　提供カタログ
23) 化学装置，7，97（1996）
24) ㈱徳寿工作所　提供カタログ
25) ㈱クメタ製作所　提供カタログ
26) 橋本建次，造粒・成形バインダの選定法と混練技術，アイ・エヌ・ジー
27) 最新　造粒技術の実際，神奈川県経営開発センター出版部
28) 三和澱粉工業㈱　提供資料
29) 木村　進，乾燥食品事典，朝倉書店，1984
30) 日本食品化工㈱　提供資料
31) 化学工学便覧，1958
32) 北林厚生，食品機械装置，6，55（2001）
33) ㈱パイオニア風力機　提供カタログ
34) 吉田照男，化学装置，6，17-26（2015）
35) クリーンルームの運転管理ハンドブック，㈱NTS
36) 粉体工学便覧
37) 吉田照男ら，＜分野／材料別＞造粒事例と頻出Q＆A集，情報機構，2009

38) 吉田照男，化学装置，**6**，23-29（2012）
39) ㈱ジェビック　提供カタログ
40) 吉田照男，化学装置，**6**，23-29（2001）
41) 関口　勲ら，造粒便覧，オーム社，p57，142（1975）
42) 最新の異物混入防止技術，㈱フジ・テクノシステム，2000
43) ㈱サン・エンジニアリング　提供カタログ
44) ベンハーはかり㈱　提供カタログ
45) 関　隆行，食品機械装置，**5**，68（2004）
46) 食品工学基礎講座12，食品システム論，光琳
47) 太田紀代子，食品衛生，**7**，8-21（2001）
48) 吉田照男，図解　食品加工プロセス，森北出版，2011
49) すぐに役立つ粒子設計・加工技術，㈱じほう，2003
50) 服部津貴子，服部流家元料理聚成，㈱講談社
51) 森下仁丹㈱　提供カタログ
52) シービーエム㈱　提供カタログ
53) 金陽堂製菓所提供
54) ㈱ジェーシーシー　提供カタログ
55) 吉田照男ら，粒の世界あれこれ，日刊工業新聞社，2001

吉田照男　Teruo Yoshida

吉田技術士事務所　所長　技術士（機械部門）
日本粉体工業技術協会　造粒分科会アドバイザー

【専門】
噴霧乾燥技術，造粒技術，食品製造技術，食品の品質管理技術，粉体物性測定技術，異物混入防止技術，微生物汚染防止技術

【略歴】
1966年3月　横浜国立大学　工学部　機械工学科　卒業，同年　味の素㈱入社
1996年10月　日本粉体工業技術協会，造粒分科会幹事
2000年5月　味の素㈱　退職，同年　吉田技術士事務所開設
2000年6月　味の素㈱関係会社　㈱ライフテクノ　入社，技術顧問として味の素生産技術開発センターに勤務
2007年3月　㈱ライフテクノ退社

食品造粒技術ハンドブック

2016年2月8日　第1刷発行

著　者	吉田照男	（B1156）
発行者	辻　賢司	
発行所	株式会社シーエムシー出版	
	東京都千代田区神田錦町1-17-1	
	電話 03(3293)7066	
	大阪市中央区内平野町1-3-12	
	電話 06(4794)8234	
	http://www.cmcbooks.co.jp/	
編集担当	伊藤雅英／町田　博	

〔印刷　日本ハイコム株式会社〕　　　　　　　　Ⓒ T. Yoshida, 2016
落丁・乱丁本はお取替えいたします。

本書の内容の一部あるいは全部を無断で複写（コピー）することは，法律で認められた場合を除き，著作者および出版社の権利の侵害になります。

ISBN978-4-7813-1088-6　C3058　¥8000E